DK狗狗心思大揭秘

洞察爱犬的内心世界
提升爱犬的幸福指数

[英] 汉娜·莫洛伊 著

[英] 马克·舍伊布迈尔 绘

施红梅 房慧 译

Original Title: What's My dog Thinking?:
Understand Your Dog to Give Them a Happy Life
Text copyright © Hannah Molloy, 2020
Copyright © Dorling Kindersley Limited, 2020
A Penguin Random House Company
本书由英国多林金德斯利有限公司授权
上海文化出版社独家出版发行

图书在版编目（CIP）数据

DK狗狗心思大揭秘 /（英）汉娜·莫洛伊著；（英）马克·舍伊布迈尔绘；施红梅，房慧译. -- 上海：上海文化出版社，2025.4. -- ISBN 978-7-5535-3138-0

Ⅰ. S829.2

中国国家版本馆CIP数据核字第2025TK1961号

图字：09-2023-1137号

出 版 人：姜逸青
责任编辑：王茗斐　赵　静
装帧设计：汤　靖

封面黑色小狗由JCheng设计

书　　名：DK狗狗心思大揭秘
作　　者：[英]汉娜·莫洛伊 著　[英]马克·舍伊布迈尔 绘
译　　者：施红梅 房慧
出　　版：上海世纪出版集团 上海文化出版社
地　　址：上海市闵行区号景路159弄A座3楼 201101
发　　行：上海文艺出版社发行中心 www.ewen.co
　　　　　上海市闵行区号景路159弄A座2楼
印　　刷：佛山市南海兴发印务实业有限公司
开　　本：789×930 1/16
印　　张：12
版　　次：2025年4月第一版 2025年4月第一次印刷
书　　号：ISBN 978-7-5535-3138-0/Q.019
定　　价：98.00元

敬告读者 本书如有质量问题请联系印刷厂质量科
电　　话：0757-85751258

www.dk.com

目录
Contents

前 言

　　我从小到大都超级喜欢狗狗。小时候，一只救助犬曾经咬过我的脸，我当时只是呆坐不动，没有大哭大闹。从那以后，家人总是拿我开玩笑，说我身上有着狗狗的基因。我一直对狗狗有着深深的迷恋。九岁那年，我开始了替别人照看狗狗的工作。到了十二岁，我拥有了第一只狗狗——一只骑士查理王小猎犬，我给它起名叫比诺。

　　我专门研究狗狗，从事相关工作已经有十五年了。我训练过上万只狗狗，也培训过上万名狗狗的主人。获得动物行为学荣誉学位并成为称职的犬类行为学家后，我专注于研究狗狗的语言和文化：包括我们所知的、我们自以为已知的，以及我们尚未知晓的知识。在知道狗狗能嗅出癌症的那一刻，我对它们的热爱达到了巅峰。可是，我也注意到，尽管这些动物具有嗅出疾病的非凡本领，人们依然会摁住它们的鼻子让它们懂得规矩，扼住它们的喉咙让其唯命是从。人们强行让狗狗屁股着地，而不是给出指示让它们坐下。但是，只要我们愿意花时间去观察狗狗，尽量理解狗狗，就会发现，它们聪明伶俐，易于训练。

　　一旦读懂狗狗的肢体语言，你就学习到了一项永远不会忘记的技能。读完这本书后，你会发现，其实狗狗每天都在"聊天"。我想带领人们步入犬类"侦探"的世界。希望这本书能助你一臂之力，让你深切体会到，观察狗狗的一举一动充满乐趣。此外，还能让你以全新的方式去观察、热爱和理解狗狗。目前，我们对狗狗的了解与二十年前相比已经大不相同。而将来，对狗狗的了解也势必会更加深入。本书汇集了世界各地狗迷认可的最新狗狗姿势大全。作为一名资深狗迷，我从未停止发问："我的狗狗在想什么呢？"

开始以
狗狗的视角
思考问题

想要知道
你的爱犬在想些什么，
首先要做的就是
了解狗狗们是怎么思考的
——尤其是要了解它们
交流和体验世界的方式，
以及驱动它们行为的
关键本能和过程。

狗狗如何交流

无论我们注意到与否，狗狗其实一直在通过姿势和动作，以及声音和气味与我们交流、与彼此交谈！想要成为一名狗狗侦探，想要了解你的爱犬如何思考，首先就要从它们的姿势和声音中找到线索，探知狗狗嗅觉世界的深度。

用姿势交流

我们这些着迷于研究狗狗肢体语言的狗迷，一直都在分析狗狗的站姿、尾巴的动作，眼睛、耳朵和嘴巴的状态，以及其他各种姿态。狗狗身体的每一部分都像是它们肢体语言中的一个字母，组合在一起就形成一个姿势或者一个"单词"，即狗狗在说话那一刻的快照。一系列流畅的移动姿势让我们得以知道狗狗想要表达的完整"句子"。本书对各种姿势进行了分析，帮助你更好地了解你的爱犬——其中，"高级观狗指南"部分将帮助你掌握狗狗更为复杂的行为。要从简单观察爱犬的身体部位开始，而不要试图马上就进行分析，了解这一点非常重要。因为，每一部分都是更为宏大的叙事的组成部分。

身体

狗狗的身体和站姿是放松随意，还是肌肉紧张僵硬？狗狗的姿势是高昂的还是低垂的？重心是向前倾、向后倾，还是保持中立？打结的毛发也会反映出身体和情绪的紧张状态。要尽量避免主观臆测，比如说，一只在打滚的狗狗可能是在示好，也有可能是因为受了惊吓（见第32—33页）。

耳朵

耳朵的位置可以告诉你狗狗在思考的方位。前倾的耳朵表示对前方的情况有所警觉；后缩的耳朵可能意味着它想要向后移动。如果一只耳朵向前，另一只耳朵向后，说明狗狗正在倾听两个声音来源，也有可能是正在做决定。而向旁边伸出的"飞机状"耳朵，表明狗狗正在保护自己的私有空间或物品。

面部

你能看到狗狗的面部肌肉吗？是紧张还是放松？眉头是紧张地皱着吗？

眼睛

看狗狗的眼睛是"凶狠"地突出来，还是呈"柔和"的杏仁状？是在眨眼还是在瞪眼？瞳孔是放大了还是缩小了？能看见眼白吗？眼睛聚焦在何处？

嘴巴

狗狗是张着嘴在大口喘息，还是紧闭着双唇？舌头伸出多远，是不是"匙形状的"（底部较宽）？是否能清楚地看到牙齿？如果狗狗卷起嘴唇露出牙齿或嘴唇向后缩着喘气，那就说明，它们可能在警告你给它们一些空间。

尾巴

摇尾巴并不总是表示快乐。尾巴对狗狗来说有多个功能，其中就包括交流。假如尾巴夹在两腿之间，或者狗狗是坐着的状态，这可能是它焦虑的信号。要时刻注意观察狗狗尾巴的高度、紧张程度和摇摆速度。有关尾巴的更多信息，请见第18—19页。

观察狗狗的整体情况

无论你的爱犬有何独有的特征，一定要从整体上查看它们的肢体语言——从鼻子到尾巴。

通过气味交流

狗狗体验世界的方式与人类大不相同，它们的主要感官是嗅觉——在看到物体之前就已经嗅到气味。狗狗的嗅觉功能十分发达。相对于整个大脑的体积，它们大脑中处理嗅觉（气味）的区域比我们人类的要大40倍。狗狗可能有多达3亿个鼻腔气味受体，而我们人类只有600万个——狗狗能够在足以填满两个奥林匹克游泳池的水中检测到一茶匙的糖！狗狗的鼻孔两侧能让空气（和气味）不断循环，而且鼻孔可以分开嗅闻，这有助于它们进行三角定位，找到气味的来源。

信息素

狗狗的交流大部分是通过检测和分析信息素的能力来实现的。信息素是能促使同一物种产生社会反应的化学信号。信息

检测和分泌信息素

狗狗的犁鼻器（VNO）能探测到气味微粒中的信息素：通过张开鼻孔、卷起上唇或"颤动"牙齿来收集这些信息素。

狗狗的舌头会将微粒弹到切牙乳头，到达犁鼻器。犁鼻器中的神经将信号直接发送给次级嗅球，之后次级嗅球将信号传递到大脑区域，从而触发行为或产生情绪反应。

大脑

副嗅球

主嗅球

犁鼻器（VNO）

切牙乳头

舌头

耳下腺，耳朵周围

泌尿道和生殖器区域

背部（以及尾部和肩部）

肛门腺

哺乳期间的乳腺区域

唇部区域，口腔周围和唾液内

趾间腺，肉掌之间

关键
→ 蓝色箭头代表主嗅觉通路
→ 绿色箭头代表二级信息素途径
● 红色圆点代表主要信息素分泌区

素从狗狗全身的气味腺分泌出来，提供了年龄、性别、生殖状况、健康状况、情绪状态等信息。狗狗通过相互嗅闻以获取所有这些有价值的信息，并通过口腔顶部的犁鼻器（VNO）形成处理信息素的二级嗅觉系统。它们还通过摇晃尾巴来传递气味信息。这一惊人的感官能力让狗狗得以进行远程交流——它们的排泄物会透露吃过的食物、情绪的状态、在那里待了多久，甚至要去的方向等信息。假如你的爱犬又嗅又舔，可能是在嗅探猎物的气味，或是在利用犁鼻器对尿液进行分析。狗狗有时停下来撒尿，这是它们在使用自己重要的社交媒介。

用声音交流

狗狗会发出各种各样的声音，从提出问题到表示担忧、恳求、警告以及友好的问候。回答以下问题能帮助你弄清狗狗到底在说什么。

背景是什么？

就在狗狗发出声音的前后，周围发生了什么？周围发生的事促使狗狗想要达到什么目的？

发出何种音高？

- 高音：旨在吸引你的注意。
- 低音：喉音和低音通常表示警告。
- 高低音交替：从高音到低音再到高音是在"闲聊"，在安抚你，并向你索要东西。

发出何种声音？

- 一声吠叫是典型的警告，或是在发出疑问。
- 几声吠叫：吠叫声越多，说明狗狗越着急——即使只是为了卡在沙发下面的一个球。
- 咆哮式吠叫：可能是一种沮丧的警告，也可能是一种游戏邀请，取决于它的肢体语言。
- 尖叫可以表示恐惧、喜悦或惊讶。
- 呜咽的叫声表达恳求：你的狗狗想要什么东西。
- 号叫是为了社交，或者试图通过"歌唱"建立社会关系。
- "嗷呜""啊呜""汪汪"或"呜呜"：每只狗狗口头语言的声音各不相同，取决于嘴巴的形状。

狗狗的品种

尽管大多数现代犬种是在过去的两个世纪里形成的，但狗狗其实已经陪伴了我们数千年。现在，狗狗的品种已经超过350个，还有其他无数奇妙的混合和杂交品种！狗狗的品种会影响它们的思维方式、行为模式，以及使用肢体语言进行交流的方式，明白这一点很重要。

你的爱犬属于哪个品种？

每只狗狗的基因（DNA）中都有一个品种群。数千年来，人类为了特定的功能培育了狗狗。例如，让狗狗守卫我们的家园、为我们寻找和追逐猎物、驱赶害虫。随着我们的需求发生变化，狗狗所扮演的角色发生了变化，其长相也变得更加重要。但是，狗狗的遗传特性仍然不可或缺——当它们兴奋或紧张时，会按照自己的品种群体特征来行事。除非我们在训练和日常生活中满足它们基于品种的驱动力，否则，它们的行为很有可能会让我们感到困惑或烦恼，因而很容易给它们贴上错误的标签（见第24—25页）。虽然不同的国家有自己的犬种分类，但都符合以下所示的七个广泛的特征组之一。

饲养的目的是取东西
饲养猎犬是为了让它们寻找和叼回猎物或鸟类，它们喜欢取回东西……即使在水中。

品种群

牧羊犬

牧羊犬非常聪明，善于团队合作，能够迅速获悉人类的指令。每天需要两个小时做些事情，哪怕只是玩球。在繁忙的社交场合，如果没有可专注的事物，它们可能会无所适从。

热门品种包括：澳大利亚牧羊犬、比利时牧羊犬、边境牧羊犬、喜乐蒂牧羊犬

尖嘴犬

尖嘴犬擅长社交，身心强大。喜欢狩猎、守卫和拉雪橇。因为有着像狼一样独立的品性，你溺爱它们，它们也不会把你当回事。

热门品种包括：秋田犬、阿拉斯加雪橇犬、柴犬、西伯利亚哈士奇犬

梗类犬

梗犬活泼、敏捷、聪明、热情，它们爱争执，喜欢撕咬和追赶跑动的东西。通常会竭力解决问题。在所有犬种中，它们对挫折的容忍度最低。

热门品种包括：万能梗、边境梗、凯恩梗、杰克罗素梗、斯塔福德郡牛头梗

枪猎犬

枪猎犬很聪明，善于寻求表扬，喜欢忙于工作、寻找和获取东西。无论枪猎犬是天生喜欢水、森林还是茂密的草丛，它们都有着无穷无尽的能量！

热门品种包括：英国史宾格猎犬、德国短毛指示犬、金毛寻回犬、匈牙利维兹拉犬、拉布拉多寻回犬、魏玛猎犬

护卫犬

护卫犬十分聪明，能够掌控周围环境、独立地解决问题。它们忠诚、无畏、勇敢。成年后会对任何新事物产生怀疑。有的犬种需要每天进行高强度的脑力和体力锻炼。

热门品种包括：杜宾犬、德国牧羊犬（也有放牧特征）、藏獒、罗威纳犬

猎犬

猎犬的视觉或嗅觉极其发达，通常被培育从事群体工作。它们能发挥惊人的技能去发现宝藏，不管你在不在身边，它们都会完成任务！

热门品种包括：比格猎犬、巴吉度猎犬、灵缇、萨路基猎犬、惠比特猎犬

玩具狗

这些家伙通常是另一个品种类型的迷你版本，具有相似的特征。可是，只有一半大小的体形并非意味着只能完成一半的工作量！某些特定的玩具品种是作为伙伴或哈巴狗来培养的。它们享受与人类接触，喜欢受到关注。

热门品种包括：吉娃娃犬、法国斗牛犬、意大利灵缇、蝴蝶犬、博美犬、巴哥犬、玩具贵宾犬

品种适应性

拥有纯种犬的潮流，以及随之而来的对"理想"犬种特征的追求，使一些犬种的身体出现问题，比如明显的皮肤褶皱、耳聋率增高。这些情况，加上人类强加给狗狗的其他适应性，有时会成为交流的障碍。假如你的爱犬具有下列特征，那么在它们与其他狗狗互动时，特别是与孩子们一起玩时，就需要引起特别关注。狗狗为了保持放松状态而自然发出的"安定讯号"可能在这些狗狗身上不那么明显。一旦发现自己发出的信号没有被理解，它们就会感到沮丧。所有犬类游戏都需要良好的沟通，缺乏沟通可能会导致紧张或攻击行为。

没有尾巴

狗狗的尾巴会告诉我们很多关于狗狗的感受：从温柔友好的摇摆，到焦虑地隐藏肛门腺（见第18—19页）。没有完整尾巴的犬种包括波士顿梗、布列塔尼猎犬和法国斗牛犬。

短头型犬种

斗牛犬、拳师犬、藏獒和巴哥犬等品种的鼻子都很短，所以它们不能像其他品种那样顺畅呼吸或活动面部肌肉。它们经常要用夸张的身体动作去取悦其他狗狗，邀请它们一起玩耍；这样的举动可能会显得过于激烈，有时会受到社会排斥。

扁平脸

英国斗牛梗和斯塔福德郡斗牛梗等斗牛犬种的面部特征会让其他狗狗觉得它们长相奇怪，影响它们交友的能力。

黑色皮毛犬种

这些狗狗的面部表情对其他同类和人来说可能更加难以辨别和理解，这也意味着它们在救援中心经常受到忽视。

截尾剪耳

断尾有助于防止特定工作犬种的尾巴受到危及生命的损伤。然而，剪短耳朵——切掉部分耳朵——是为了防止狗狗用它来安抚自己的身体，并使它们对其他狗狗更具威慑力，但这也增加了它们遭遇攻击的风险。

育种趋势

　　杂交犬是由两个血统的犬只或纯种犬杂交而来的，而杂交犬的亲缘关系可能包括更多品种，或完全未知。总体而言，虽然这些狗狗比纯种犬更健康，但许多杂交品种——尤其是贵宾犬混血品种——被重新命名为"设计师犬"，导致价格飙升，然而这些现象并没有受到监管。登记在册的血统提供了经过健康测试的狗狗家谱，假如幼犬有健康或行为问题，饲养者要承担责任。当你从饲养者那里购买幼犬时，请使用下列清单进行核对，确保幼犬是健康的，并能在社交方面表现良好。

买家的检查清单：

☐ 幼犬都和妈妈一起住在饲养者的家里（不是谷仓或笼子里），身上没有跳蚤，无不适气味，干净整洁。

☐ 幼犬的妈妈见到你时表现得很自信，很平静。你来到门口时不会吠叫。

☐ 幼犬在单独的碗中进食，可以接触到玩具，并且睡觉区域和上厕所的区域明确分开。

☐ 饲养者持有幼犬父母双方的健康测试证明，包括与相关品种有关的任何遗传疾病的检测。

☐ 幼犬有8—12周大。这是最容易训练的年龄，在价格上会有所体现。

☐ 饲养者能够给你展示一个社交图表，上面记录了每只幼犬对家庭景观、噪声、人、动物、旅行和训练的反应情况。

☐ 幼犬经过了预先训练，能够在远离床铺的地方上厕所，能够彼此分开一小段时间，能够被触摸，并且坐下。

不要只看颜色
由于黑色狗狗的面部细节更难看清，理解它们的肢体语言就变得更加重要。

17

观察狗狗的艺术

现在，你对狗狗用来告诉我们其感受的详细肢体语言有了更多了解，也知道了品种差异会影响肢体语言，是时候开始观察你的爱犬了。以下是一些关于观察狗狗的实用技巧，另外全面观察狗狗的行为也十分重要。

如何开始观察狗狗

摘掉你的有色眼镜

我们都有一副"透视眼镜"，这让我们产生偏见；你可能会戴着一副"拉布拉多犬永远都最棒"的眼镜，"我的狗狗在其他狗狗面前很紧张"的眼镜，或者是"我家狗狗是顶级狗狗"的眼镜。要想真正了解它们，你首先必须观察事实，衡量情况，然后再试图解释发生的事情。例如，在公园里，有一只狗狗正在朝着你的爱犬用四只爪子抓着地面：

- 要是你戴着有色眼镜，就会将这种现象解读为："那只狗狗在对我的爱犬发号施令。"

- 要是你摘下有色眼镜，就会将这种现象解读为："那只狗狗闻了闻我家狗狗的屁屁后走开了，在一棵树下撒尿，然后面朝着我的爱犬，用四只爪子在地上抓了三秒钟。"

拍摄你的爱犬

狗狗看世界的速度比我们要快那么一刹那。因此，即使我们在密切关注它们，也可能会错过一些狗狗"聊天"的微妙瞬间。为了提高你观察狗狗的技能，可以拍下它们的互动视频，并以停止-播放的方式反复观看，以便发现你在实时观察中错过的关键信号。

保持冷静……并且微笑

我们不能总是像科学家一样从远处观察我们的狗狗；我们自己经常"身临其境"，因此也会对它们产生影响。假如我们不确定狗狗在做什么，当发现它们在胡闹时，就会很容易责骂它们。假如我们的声音紧张或是猛拉绳子，就会造成更多的问题。保持愉悦的心情——即使我们觉得没有完全控制住狗狗——可以使情况变得不那么紧张。因此，冷静下来吧!

相信自己

也就是说，有时候你必须行动起来，确保你和周围人群，还有你的爱犬在当下是安全的。相信你的直觉，随心而动。

观察狗狗的关键：尾巴

认为狗狗在摇尾巴就是表示开心，无异于认为人们挥手就是表示友好，全然不顾手在做什么。让我们客观地观察一下狗狗尾巴的位置和摇摆的速度，看看其所代表的真实含义吧。

尾巴有何作用？

尾巴是用来帮助狗狗保持平衡和进行交流的。它们在草丛中提供视觉信号，并控制狗的标志性气味信息向外界发散多少。狗狗可以通过摇尾巴来传达自己的特征，或者通过把尾巴夹在两腿之间或坐在尾巴上遮住肛门腺来掩饰自己的特征。可见，狗狗的尾巴提供了有关情绪的宝贵信息。

尾巴的位置是否重要？

- 非常重要。高高翘起的尾巴告诉我们，狗狗的肾上腺素激增，变得亢奋，这可能意味着狗狗要么十分兴奋，要么十分害怕；无论是兴奋还是害怕，都对身体有着相同的影响。

- 尾巴低垂表明狗狗感到紧张或焦虑，因为它们可能想要遮住肛门腺，以便在气味世界里"隐藏"自己，就像我们可能会躲在太阳镜后面一样。不过，尾巴低垂也可能是在示好。当狗狗专注于某样东西，比如一种有趣的气味时，尾巴经常会下垂。

尾巴摇摆的速度表示什么？

- 尾巴快速摆动表示狗狗很焦虑或者很兴奋。

- 尾巴高高翘起、不停颤动，往往表示狗狗要追逐某种东西，或者可能要与其他狗狗发生冲突。

什么是"快乐"的尾巴呢？

低垂着地，轻柔地摇动尾巴是狗狗的一种友好姿态，不过，真正的"快乐尾巴"则是像直升机一样上上下下、转着圈圈摇摆——通常是你到家时狗狗表现出的模样。继续观察狗狗在不同情况下的尾巴姿态，但不要完全专注在这上面，因为它只是整体情绪表达的一部分。

幸福的尾巴
你的爱犬扑向你时，快速摇动的尾巴显示快乐、兴奋的情绪。

着眼大局

在本书中，你会发现很多狗狗的定格姿势，它们用这些姿势来告诉我们它们在特定时刻的感受。在现实生活中，你要尽可能多地留意这些姿势，这将会有助于你更深入地了解你的爱犬。不过，要想成为最优秀的狗狗侦探，你得同时留意狗狗周围所发生的事。

聚焦细节

对狗狗的肢体语言有了更多了解之后，你会容易过多地关注狗狗身体的某一部分或某一特定行为。可是，要想真正了解狗狗，重要的是后退一步，看看更广阔的背景。例如，要是狗狗在沙发上撒尿该怎么办？假如我们继续关注狗狗本身，很

尾巴高高翘起
是紧张的标志

在室内撒尿
是狗狗表达担忧的
一种方式

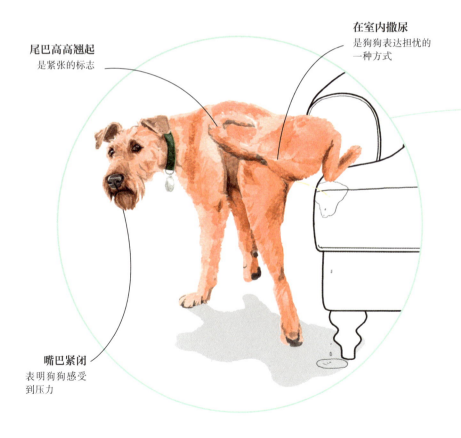

嘴巴紧闭
表明狗狗感受
到压力

容易就会给它贴上"坏狗狗"的标签，因为在家具上撒尿是糟糕的行为。仅仅关注这一行为可能会导致我们采取惩罚措施，比如使用喷雾项圈来"纠正"它，以阻止它在室内做标记。

放大范围

狗狗经常会吸收家庭的情绪和压力，并将其反映在行为之中。因此，当我们扩大观察范围，会突然发现，原来狗狗的某些行为并不是无缘无故的。孩子们正在附近玩耍，这对狗狗来说可能太过吵闹和吓人。猫咪可能因为靠狗狗太近而抓到了它的鼻子。兴奋之中，有人不小心打翻了一杯饮料。作为一名经验丰富的行为学家，这些都告诉我，实际上，狗狗正承受着很大的压力。与其惩罚狗狗，不如平息周围的喧闹，把饮料清理干净，并教会猫咪更好的礼仪！受惊的狗狗经常会紧张地撒尿，因为这有助于它们平静下来。继续往下读，你会知道，为什么考虑狗狗每个行为的功能是如此重要（见第22—23页）。

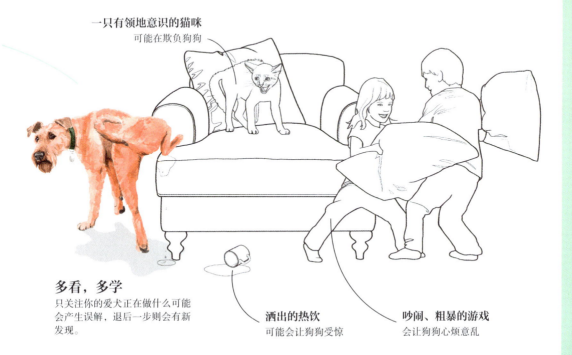

一只有领地意识的猫咪
可能在欺负狗狗

多看，多学
只关注你的爱犬正在做什么可能会产生误解，退后一步则会有新发现。

洒出的热饮
可能会让狗狗受惊

吵闹、粗暴的游戏
会让狗狗心烦意乱

有何作用?

狗狗的行为没有好坏之分——它们就是如此。但是,如果你对它们的行为感到困惑、担忧,或者只是觉得有趣,你可以化身为狗狗侦探,去了解到底发生了什么。你只需问一个关键的问题:"这对我的狗狗而言有何作用?"

我们很容易给狗狗古怪的习惯和表情加上我们人类的解释和喜剧字幕。而现在,我们要考虑的是这些习惯和表情的实际作用。这是理解狗狗的关键,因为它们不会判断自己的选择是对还是错——它们只会问:"这对我的生存有用还是没用?"假如你不知道你的爱犬为什么做某事,那么就运用"有何作用?"这一准则来考察狗狗在这种情况下想要达到的目的。检查一下你自己、其他人或其他动物在狗狗做出该行为之前做了什么,狗狗周围的环境情况怎样,之后发生了什么,以及它们特定的肢体语言。一旦你做到了这一点,识别行为类型(如下所示)将帮助你决定如何回应。为了理解狗狗的所思所想,本书中展示的许多行为都运用了这一策略,留意这一准则的线索。

"有何作用"
公式

1
这种行为
多久发生
一次?

2
发生在什么样
的环境下?
例如,谁参与其中?
在哪儿
发生的?

3
就在做出
该行为之前
发生了什么?

4
后果是什么
——狗狗得到了什么
或者避免了什么?
例如⋯⋯

……狗狗是否获得了：

· 关注或陪伴？
· 喜欢的东西？
· 放松还是解脱？
· 食物？
· 玩具或零食？
· 成就感？

……狗狗是否避免了：

· 对抗或攻击？
· 痛苦或恐惧？
· 挫败感？
· 失去某些东西，比如玩具？

行为类型

了解狗狗的行为属于下列哪种类型，将有助于你弄清狗狗的所思所想，以及知道该如何应对：

· 安定讯号，舔嘴唇和打哈欠之类的动作有助于狗狗减少紧张、表达恐惧，或是避免在社交场合发生争执。发现这些信号并迅速作出回应，以阻止事态升级为挑衅行为。

· 习得的行为在为狗狗带来回报时得到加强，在没有得到回报时则会减弱。这些都是狗狗有意识做出的决定，但可能不是习得来的。有些行为既是后天习得的，也是出于条件反射（见下文）。例如，狗狗在看到指甲钳时可能会条件反射地做出恐惧反应，然后表现出攻击性，它们知道这样做的话就能阻止你给它梳理。

· 经典条件反射行为是在不经思考的情况下发生的，并与情感或身体反应关联。假如你的爱犬遇到另一个同伴时，你总是拽住它的牵引绳，它就会条件反射地感到恐惧。因为每当它见到别的同伴，就会反复地联系起自己的脖子被勒住的经历，以及产生的沮丧感。

· 仪式化行为是关键生存技能的软化或夸张版本，经过长期调整后用于社交。例如，在争吵时咆哮、对着空气撕咬，而不是真正的撕咬或吵闹的打斗。

· 转移行为。抓挠或过度饮水等转移行为是很普通但又奇怪的定时行为，这通常是社交不适或感受到压力的信号——就像你在繁忙的电梯里看手机一样。

· 返祖行为不再是生存必需，但仍然时有发生。比如，狗狗躺到垫子上之前会在原地打转，试图抚平看不见的草地。

· 性行为就是，哦……这个不用说你也是知道的！

· 掠夺行为帮助狗狗找到并杀死要吃的东西。

· 不良适应行为是在短期内感觉良好，但从长期看对生存有害的行为。比如狗狗追逐自己的尾巴，就像我们吃垃圾食品。

误贴标签的行为

标签很黏，难以去除，所以我们不要给狗狗贴标签。你的爱犬真正需要的唯一标签就是"狗狗"这一称谓。

我们知道，对于狗狗来说，行为没有所谓的"好""坏"之分；它们只做当下对自己生存有利的事情。所以说给你的爱犬贴上"愚蠢"或"难对付"的标签——甚至有时是"公主""老大"或"救星"之类的称谓——是一个根本性的错误。它会影响你对狗狗所有行为的看法以及你的反应方式，所以它们无法超越你的期望。以下是狗狗身上常见的一些标签。

"固执"

狗狗似乎知道你想要什么，却故意不做。更常见的情况是：要么是它们根本不知道你想让它们做什么，只是静静地坐着，希望你解释或走开；要么就是你没有使用正确的奖励方式来激励它们。

"有罪"

对与错是人类的概念，所以，假如你离开房间后，狗狗吃了你的三明治，那是因为在那一刻这对它而言是一个有用的决定，等你回来时，它们可能都不记得了！我们之所以会认为狗狗知道自己做了错事，并为此感到内疚，那是因为它们非常擅长读懂我们的脸色，避免争执。当你闷闷不乐地回来时，狗狗会做出一些安抚你的举动，比如舔嘴唇和打滚。要是忽视了这些安抚的信号，会让狗狗学会咬人（见第150—151页）。

"支配"

长久以来，支配理论影响了我们看待狗狗的眼光。就像任何群居物种一样，狗狗也渴望向彼此展示谁跑得最快、谁最高、谁最强壮，因为这些都是关键的生存技能。但是，它们并没有把支配对方看成一种自然行为。甚至狼也是以家庭为单位生活的，而不是生活在等级森严的狼群里。狗狗不会通过走在你前面、在房子里撒尿，或者因为对食物不满而冲你咆哮，以凌驾于你之上。假设它们的确这样做了，那就意味着我们会以"尊重"的名义，更加严厉地对待它们，破坏它们对我们的信任。你真的不需要成为老大——因为我们已经决定了狗狗何时进食、去哪里散步，以及它们应该拥有怎样的友谊。把狗狗拽过来让它们服从你，基本上就是一种霸凌行为。大多数狗狗能应对，但一些缺乏安全感的狗狗会学会以其人之道还治其人之身，甚至会咬人——这一切都是一个标签所导致的后果。

触发堆叠

被贴上不可预测、不友好或好斗标签的狗狗，实际上可能是因为"触发堆叠"而惊慌失措。虽然单个事件可能只会给它们带来一些压力，但如果这些触发事件连续发生，最终就会让狗狗超过压力阈值——它们可能会突然吠叫、扑上前去、自我封闭或躲藏起来。

我们都有过类似于压垮骆驼的最后一根稻草的经历。在顺意的日子里，我们的压力水平很低，我们感觉良好。可是在不顺的日子里，假如打翻了咖啡，拿错了钥匙，然后被堵在路上，积压的情绪会让我们对其他司机或同事大发雷霆。狗狗也同样如此。触发它们的因素可以说包括任何会引起它们兴奋、担忧、不适或沮丧的事情。每个事件都会让它们变得更加紧张，直到最后一根稻草——哪怕只是一只狗狗在朝它们吠叫——也会使它们超过压力阈值，从而爆发出"不可预测的"攻击性或僵在原地，甚至逃跑。假如没有我们的帮助，它们无法再次恢复平静。

管理一只被触发的狗：

- 你的爱犬在恐慌症发作时，听不到你的声音。帮助它们摆脱困境，给它们时间和空间冷静下来。

触发堆叠的工作原理

每个事件都会增加狗狗的紧张感，往往不会让你察觉，直到它们失去控制你才会发现。

低于阈值

狗狗很平静/放松

触发事件1

粗鲁地给狗狗套上背带=感到兴奋（因为散步）和不适

触发事件2

牵引绳被拉紧=因疼痛和不适而感到沮丧

- 狗狗在吠叫或者往前猛冲时，不要冲它大喊大叫，也不要进行控制。假如你猛拉了牵引绳，那么狗狗会在已经变得很可怕的情况下，把你视为另一个"怪物"。虽然猛拉牵引绳可能会在那一刻让狗狗停止吠叫，但不会改变狗狗潜在的情绪，反而可能会让它们的反应更加不可预测。

防止触发堆叠：

- 研究狗狗的肢体语言，这样你就能发现它紧张加剧的细微迹象。在让狗狗遇到下一件可怕或刺激的事情之前，先让它们抖动一下身体，以真正摆脱一个诱发因素的影响。
- 学会识别你的爱犬的触发因素，然后将每一个触发因素作为单独的训练

目标，让狗狗知道触发因素也可以意味着很有趣。例如，假如你的爱犬对其他狗狗有反应，你可以用食物教它先从比较放松的距离看一看对方，然后将目光移开，之后再靠近。假如狗狗在户外感到高度紧张，可以尝试用"放松周"的训练课程代替散步。

- 当你的爱犬套着牵引绳时，绳子松散一点行走和长线训练可以减少身体的紧张感，帮助它们放松，同时，零食奖励训练可以帮助狗狗将沮丧或恐惧转变为积极的期待（见第170—171页）。
- 鼓励你的爱犬在处于阈值以下时做一些嗅探，并称赞它放松的姿势。它的好日子也就是你的好日子！

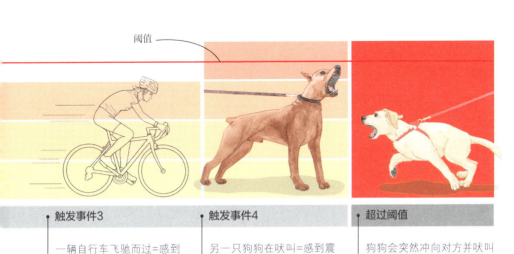

阈值

触发事件3	触发事件4	超过阈值
一辆自行车飞驰而过=感到焦虑	另一只狗狗在吠叫=感到震惊和/或恐惧	狗狗会突然冲向对方并吠叫不止（或者可能会僵住不动/躲藏起来/跑开）

我那神奇的狗狗

聪明的狗狗们有多种表达自己的方式。在本
章中，你将发现狗狗用来精确传达
它们真实感受的一些奇妙的
——而且往往是怪异的——肢体语言。

我的狗狗总是舔鼻子

为什么我的狗狗经常舔鼻子和嘴唇？就像每天都在庆祝"吐舌头星期二"（Tongue Out Tuesday）——它会定期用超级灵活的舌头舔鼻子！

有何作用？

你的爱犬舔鼻子和舔嘴唇是告诉人们和其他狗狗，它没有恶意，而且是在收集重要的嗅觉信息（见第12—13页）。

我的狗狗在想什么？

在狗狗与其他狗狗或你进行社交聊天时，如果狗狗感到兴奋或不舒服，就会把舔舐自己的鼻子作为一种平静下来和安抚的信号。由于狗狗是通过鼻子"看"世界的，它们经常会舔一舔鼻子以湿润这个重要的工具，让气味颗粒黏在上面，以便"看"得清楚。舔嘴唇是舔鼻子的一种"仪式化的"或温和的形式，狗狗也用这种方式来传达一系列的话语，诸如"我爱你""对不起""冷静点""不，谢谢"。短暂地轻弹舌头还能收集到额外的气味。

祝福你！

打喷嚏对狗狗来说也有多重作用。很容易就能看出狗狗为了清除刺激物而要打喷嚏，因为它们会在打喷嚏前低下头，像我们人类打喷嚏前会眯起眼睛一样。在谈判或玩耍的过程中，狗狗也可能会习惯性地打个小小的喷嚏来进行交流；这些喷嚏会有不同的含义，比如表达"那是什么？"或"嗯，随便吧"。

我该怎么做？

当下：

- 在狗狗舔鼻子或嘴唇时，寻找其他的肢体语言线索。假如狗狗耳朵后拉，眼神"凶狠"或眼球突出，瞪着双眼，可能意味着它不舒服或感到焦虑；假如狗狗耳朵前倾，眼神温柔，可能是在询问："请问我能吃那个吗？"
- 假如你自己、其他人或另外一只狗狗出现在它面前，那么给它一些空间。它可能想要表达的是它觉得太过拥挤。

长期来看：

- 你可以不时冲着狗狗舔舔你自己的嘴唇，反复对它说同样的事情。狗狗能理解这个信号，并会感激你模仿它的行为并与它"交流"。
- 偶尔地、短暂地舔一下鼻子和嘴唇是正常的，但是，假如狗狗反复地进行舔舐，说明有什么事情让它感到不安。留意观察这种状况，找出造成这种状况的原因。

竖起耳朵
表示对你所做的事
很感兴趣

放松的面部肌肉
和柔和的眼睛是在
说:"我感觉很好!"

舌头向上弹
打湿鼻子是在
问:"怎么了?"

照相机会让狗狗心生畏惧,因此,要想拍到一张
不被狗狗特有的舔鼻动作给抢了风头的好照片,
往往是很难的。

我的狗狗仰面朝天躺在地上

我家毛茸茸的小狗喜欢让我给它挠肚子，甚至遇到陌生人时，它也经常翻滚在地、露出肚皮——它这是想让陌生人抚摸它的肚子吗？

我的狗狗在想什么？

当你家狗狗用它独有的问候方式，以肚皮朝上的姿势迎接你时，表示它知道你爱它，并且想要得到你的关注。狗狗仰面朝天躺在地上是一种表示信任的姿态，但更多时候是表达它们觉得自己很脆弱。当你的狗狗打滚时，特别是面对其他人，你需要仔细观察它的肢体语言。很多时候，它更有可能是请求别人不要碰它。小狗们从幼年起就学会了用打滚这种顺从的姿态向成年狗表达敬意，同时也是在告诉新朋友它们不构成

威胁——露出宝贵的肚子会让它们容易受到攻击，这是狗狗在说"别伤害我！"（见第150—151页）。

打滚是狗狗在要求有更多的空间，而不是邀请你去抚摸它——除非你们已经是好朋友了！

仰面朝天，扭动身体

腼腆地将头转向人或其他狗狗

眼神柔和

尾巴和身体放松

问候"你好"的翻滚姿势

顽皮地张开嘴，遮住牙齿

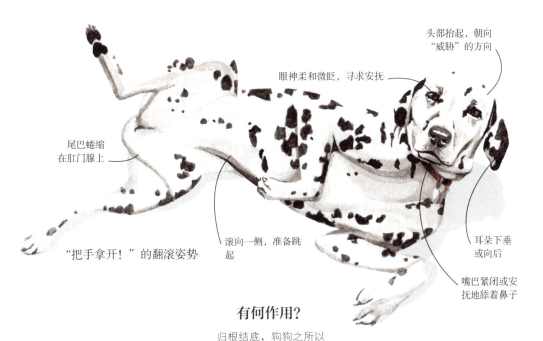

头部抬起，朝向
"威胁"的方向

眼神柔和微眨，寻求安抚

尾巴蜷缩
在肛门腺上

耳朵下垂
或向后

"把手拿开！"的翻滚姿势

滚向一侧，准备跳
起

嘴巴紧闭或安
抚地舔着鼻子

有何作用？

归根结底，狗狗之所以
会打滚，是因为它们看起来
可爱又不具威胁性。但在可
怕的情况下，这可能意味
着生与死的区别。

我该怎么做？

当下：

- 在狗狗打滚时——包括
你的爱犬——要观察它们
的姿势：是紧张还是放松？以
及它们有逃跑路线吗？

- 要不要抚摸狗狗呢？假如你和狗狗不
太熟，那就不要去抚摸它们。它们可
能只是想要翻过身去避开你即将触碰
到它们的双手。

- 站起来（或后退），给狗狗一些空间，
看看会发生什么。受惊的狗狗会一下
子跳起来。友好的狗狗会仰面朝天露
出腹部，摇着尾巴，扭动身体，仿佛在
说："嘿，你好！跟我说说话吧！"

长期来看：

- 让你的客人学会观察
狗狗不舒服的迹象，并告
诉他们如何和狗狗打招
呼——请狗狗坐下来，喂它
吃点东西。

咬人的风险

狗狗用以表示"把手拿开！"的翻
滚姿势，是导致狗狗因咬人而遭到处死
的三大被误解的行为之一。起初，幼犬
打滚是因为我们俯身向它们打招呼，它
们想取悦我们，并要求更多空间——之
后，我们往往还是会抚摸它们。随着时
间的推移，大多数狗狗学会了应对这种
情况；有些狗狗还学会了露出肚皮，给
它们信任的朋友抚摸。不过，这可能会
导致感到恐惧的狗狗去咬人。

我的狗狗喜欢挠痒痒

我的狗狗会做一些令人印象深刻的瑜伽动作——它可以将后爪一直伸到头顶挠自己的后脑勺！兽医说它很健康，身上没有跳蚤。那么，它为什么要花这么多时间去挠痒痒呢？

我的狗狗在想什么？

假如狗狗能说话，它们要说的正是"尴尬！"二字。"转移注意力"式的抓挠给你的爱犬提供了一个轻松的借口，把头从紧张的环境中转开。猫咪、人类和许多其他物种也会这样做。这种社交方式可以用来表示"我很沮丧""我很困惑"或"我有点紧张"。狗狗会把挠痒痒作为一种缓解压力和平静下来的信号，相当于在说："嗯，对不起，我不会说英语。你能用狗语再解释一下吗？"假如没有跳蚤或身体不适的迹象，那么说明狗狗正试图告诉你一些事情，所以请认真倾听！

是不是患病的信号？

过度抓挠可能是因为狗狗身上有跳蚤。也可能是狗狗生病的迹象之一，通常会伴随其他症状，如烦躁不安、不停哀鸣或啃咬爪子（见第136—137页）。也许狗狗出现了过敏或更严重的身体问题，如肛门腺堵塞等。要细心观察，因为狗狗真的很擅长隐藏生病的迹象。

我该怎么做？

当下：

- 耐心地等待你的爱犬挠完痒痒。假如你在训练它，尤其是在一个不熟悉的地方，那么你的声音要柔和，尽量利用手势而不是语言。
- 如果可以的话，把狗狗带离该环境，或者将它的注意力集中到咀嚼上，帮助它冷静下来。
- 你的爱犬可能需要你的帮助。如果它想结交一个新的狗友，却受到冷遇，你不妨将零食扔进灌木丛里，和它一起玩"找一找"的游戏，让它去嗅一嗅灌木丛。嗅探是另一种镇静下来的信号，让其他狗狗认为你的爱犬没有威胁性，帮助它交上朋友。

长期来看：

注意看狗狗胡乱抓挠的时间和地点。你可以将有些令人分心或令人混乱的环境加入训练计划之中。

闭着眼睛以示安抚

有何作用？

假如像抓挠、喝水和梳理毛发等这些转移动作是发生在狗狗很紧张的情况下，那么它是在表示 "休息一下"，用以打断眼神的接触，使心情平静下来。

把脸转向人或另一只狗的反方向

腿踢着头部、颈部或侧面

前爪指向不安的来源

生存指南
救助一只狗狗

给狗狗一个重生的机会是一件意义非凡的事情。
它们因各种原因遭到了遗弃，而这种经历总会对它们造成伤害。
因此，救助往往也会成为挑战。

1
你是合适的人选吗？

大多数得到救助的狗狗需要一些情感康复训练，有些可能有严重的信任问题。一些狗狗经历了非常艰难的时期，你必须完全调整自己的生活方式以适应它们的需要。你是否拥有它们需要的时间、爱心和经验？

2
守住你的心

在去救助站之前，请仔细考虑适合你生活方式的狗狗的体形、年龄和性格。假如你心地过于柔软，不妨带上一位明智的朋友陪你同去！要是你真的喜欢上了其中一只狗狗，请多去看几次，给自己留点时间做出决定。

3
听取救助人员的意见

救助人员可能会告诉你，这只狗狗不适合你和你的家庭。请相信他们。他们比你更了解狗狗。可能狗狗到了你家后会过得不太顺利，他们是希望保护狗狗不再遭到抛弃。

4
给狗狗一些时间

救助站里的大多数狗狗处于受到惊吓的状态，无法向你展示它们所有的魅力或者复杂情况。一旦你把它们带回家，它们可能需要三个月的时间才能完全放松。在你将它们带回家的第一天，就要设定清晰的界限、创造充满爱的环境来帮助它们。

5
找到一位朋友

刚刚被你救助的狗狗会在感情上过度依恋你，这是自然而然的事。所以，当你外出工作或度假时，你需要将它们托付给一位心地善良、耐心十足的狗狗保姆或遛狗者，他/她能充分理解狗狗的忧虑。

我的狗狗会看时间

每天，在我的伴侣回来前20分钟，狗狗就会看着窗外，然后去门口等着。虽然说很可爱……不过，有点诡异。它是真的会看时间吗？

我的狗狗在想什么？

是的，你的爱犬会看时间。每种生物的大脑中都有一种内在的"时钟"，协调它们的24小时生物周期，即"昼夜节律"。这些节律影响着狗狗的日常行为模式，包括什么时候睡觉、什么时候胃会告诉它该吃晚饭了。科学家们发现，狗狗也会通过气味的变化来测量时间——气味越浓表明事件发生的时间越近，而气味越淡表示过去的时间越久。科学家们在一项实验中把狗狗主人最近穿过的T恤衫偷偷带进屋里哄狗狗睡觉，让狗狗不用像往常一样等待主人回来。狡猾的科学家们！

我该怎么做？

当下：

假如你的爱犬在它最喜欢的人回家之前变得十分焦虑或极度活跃，不妨在它开始烦躁前对它进行一些训练，比如给它一个嗅闻垫或漏食玩具，让它忘记等待的痛苦。

长期来看：

- 有规律的日常作息确实可以让狗狗平静下来，尤其是对于新来的被救助的狗狗或临时来做客的狗狗。固定的晚餐时间和相似的散步时间，有助于狗狗了解什么时候可以放松，防止它们过度警觉（见第46—47页）。
- 把你的睡衣放进包里。遛狗者或家庭成员可以在白天打开这个气味包，以安抚有分离焦虑症的狗狗（见第178—179页）。假如你要去度假，可以准备好几个气味包，让帮你照顾爱犬的看护人员每天打开一个。

守时的英雄

日本著名的秋田八公是东京大学一位教授的爱犬。教授在工作中猝死后，秋田八公依然每天在车站等待它的朋友下班回来，这样持续了近10年——从还是幼犬的时候开始，它每天都会准时离开院子，去等候载着主人回家的火车，迎接主人。在东京的涩谷车站，矗立着一座八公的雕像，以纪念它的忠诚。

有何作用?

追踪你的行动，是狗狗做得最有用的日常活动之一。因为你掌控着它的进食、散步和开关门的时间，以及对它的爱抚。

"她现在随时都会回来！"

耳朵警惕地听着外面的每一个声音

眼神柔和，闪烁着期待的光芒

嘴巴紧闭，让鼻子闻到外面的气味

姿态紧张，对你回来的线索很警觉

我的狗狗挖洞埋物

每次我给狗狗买了零食和玩具，它都会将其埋在花园里——草坪上到处都是洞！它还会把这些东西藏在自己的床上。它为什么要像松鼠一样藏东西呢？

我的狗狗在想什么？

就像我们从餐馆"打包"回家一样，狗狗也想留下多余的食物以备不时之需。狗狗埋藏零食和骨头是为了留待以后再享用，因为它们当下已经吃饱了。它们也会把最喜欢的东西埋藏起来。如果你的爱犬担心有人偷走它的珍贵财产，那么保护这些财物安全的好方法就是将它们埋在地下。出于同样的原因，你可能会看到它把食物"悄悄地埋"在你家的地毯下或它自己的床上。祝它成功！

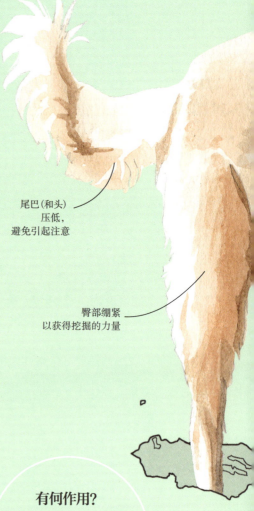

尾巴（和头）
压低，
避免引起注意

臀部绷紧
以获得挖掘的力量

日常挖掘？

埋藏物品是一种返祖行为，是狗狗从狼祖先那里继承下来的一种古老的习惯，能让狗狗感到安慰，就像我们会在配有中央供暖系统的房子里使用柴炉一样。不过，假如你的爱犬每天都在掩埋东西，这可能是它的情绪受困的迹象。要是你对此很担心的话，请找一位不使用暴力手段的合格的犬类行为学家帮忙诊断一下。

有何作用？

在狼群的大家庭中，确保多余食物安全的唯一方法就是将其掩埋起来。你家狗狗的"橱柜"就是花园！

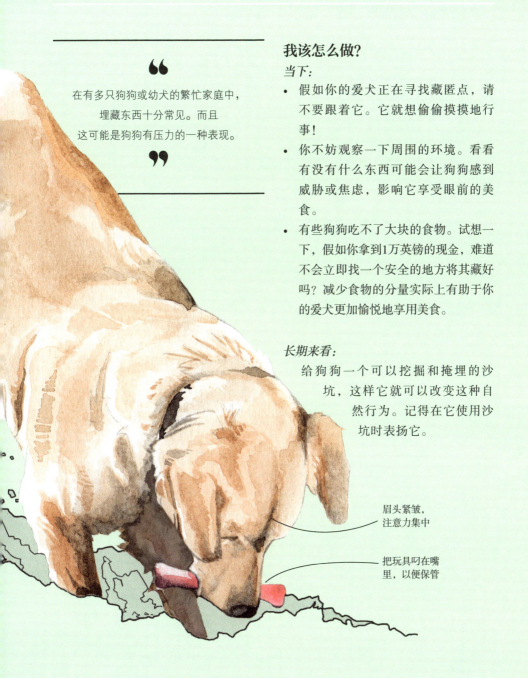

> 在有多只狗狗或幼犬的繁忙家庭中，
> 埋藏东西十分常见。而且
> 这可能是狗狗有压力的一种表现。

我该怎么做?

当下:

- 假如你的爱犬正在寻找藏匿点，请不要跟着它。它就想偷偷摸摸地行事！

- 你不妨观察一下周围的环境。看看有没有什么东西可能会让狗狗感到威胁或焦虑，影响它享受眼前的美食。

- 有些狗狗吃不了大块的食物。试想一下，假如你拿到1万英镑的现金，难道不会立即找一个安全的地方将其藏好吗？减少食物的分量实际上有助于你的爱犬更加愉悦地享用美食。

长期来看:

给狗狗一个可以挖掘和掩埋的沙坑，这样它就可以改变这种自然行为。记得在它使用沙坑时表扬它。

眉头紧皱，注意力集中

把玩具叼在嘴里，以便保管

我的狗狗发狂半小时

每天，当我们下班回家，吃过晚饭后，狗狗就会像着了魔似的在家里跑来跑去。看上去很搞笑，可是它似乎十分享受。

我的狗狗在想什么？

也许它是在表达："准备好了吗？定下来了吗？出发吧！"看着处于"狂奔"模式的狗狗以光速从你家里或花园的一边飞奔到另一边，或是转圈圈，或是以疯狂的方式窜来窜去，全然不顾自身的安危，这是多么令人高兴的事。在有些狗狗身上，每天都会爆发出这种神奇的能量。在另一些狗狗身上，偶尔也会发生。而有些狗狗却终其一生都未曾有过这样的体验。这些现象通常是对发生了一些令人兴奋的事情或结束了某件可怕的事情——如洗澡——的反应。也可能是狗狗需要更多锻炼或精神刺激的信号。

尾巴高高翘起以平衡冲刺和快速转弯

弯曲的、无威胁性的玩耍姿态

狂热随机活动期的混乱

科学家将这种行为称为"frapping"，是英文短语"frenetic random activity period（狂热随机活动期）"的首字母缩写，实际上是"疯狂半小时"的另一种巧妙说法。狗狗很可能在狂奔时撕咬和跳起来，也可能会完全不顾之前制定好的规则，比如：不要坐到沙发上去！

狗狗狂奔纯粹是基于心跳加速、热血沸腾的喜悦，也是大自然赋予的最美妙的肾上腺素飙升的体验之一。

我该怎么做?

当下:

- 打开门，给你的爱犬足够的空间四处奔跑，以避免磕碰或受伤。同时，要避免在它身后追逐或者叫嚷，否则会刺激毛茸茸的狗狗加速飞奔。
- 尽情享受吧! 你的爱犬正在充分伸展肌肉，它是在向你展示一种非常夸张的肢体语言。
- 如果你的爱犬玩得忘乎所以，乱叫乱咬，你不妨热情地对它说"这是什么? "以打断它的兴奋状态，并扔给它一些零食或玩具，让它把精力集中在这些东西上面。

安抚地微笑
表示"我不具威胁! "

眼睛里的"玩耍光芒"
表示游戏带来的活力

有何作用?

狂奔是积压情感能量的一种方式，假如狗狗缺乏身心锻炼，那么狂奔也是一种发泄方式。

长期来看:

- 每天让你的狗狗进行大量的身心锻炼，从而避免在你想放松的时候出现这种弹簧效应。
- 用零食让你的幼犬慢慢适应新事物，避免它被新事物吓得四处乱窜。

生存指南
买只小狗

一只小狗！如此可爱，如此有爱！
有那么多东西要教给它，这需要大量的时间和责任心。
购买一只小狗是个重大的决定。你确定已经准备好了吗？

1
值得等待

从你决定要养一只小狗的那天起，最好先等至少六个月再付诸行动。养狗是一个长达15年的承诺，你将会把一个"小宝贝"带回家。小狗需要四个月的时间来适应新家，而训练它们则需要18个月的时间。

2
付费咨询

为了找到适合你的生活方式和家庭的理想犬种，并获得有关安全购买幼犬的重要建议，购买幼犬前，请向合格的犬类行为专家预约咨询，该专家使用的不能是暴力手段。

3
一次养一只

避免购买同一窝的两只幼犬。幼犬从8周左右开始学习"理解"人类的语言，并与你建立联系。如果两只幼崽待在一起，就会懒于学习，而且还会从对方身上学到坏习惯。

4
年龄很重要

8到12周大的幼犬是带回家的理想年龄，它开始准备在你提供的独特环境下学习。不要购买16周及以上年龄的幼犬。因为到了这个年龄，它们错过了成长的敏感阶段，会导致未来的行为出现问题。

5
验证价格标签

什么因素导致幼犬价格昂贵？原因包括细致的照料、经过健康检查的狗狗父母，以及大量的早期社会化训练，还有让幼犬适应各种景象、声音和触感。要确保你付出的金钱物有所值，请在繁育者的家中对其进行面试，并确保你能在那里看到所有幼犬和它们的母亲。

我的狗狗会看"橱窗电视"

我的狗狗整天都在盯着窗外看。它是个名副其实的"窗帘后的窥视者"。它特别爱看热闹，会观察经过的每一只猫、狗和邻居！它是因为快乐吗？还是因为无聊？抑或只是爱管闲事？

我的狗狗在想什么？

你有一位自封保安的狗狗。尽管人类鼓励护卫犬种具备这些特征（见第14—15页），但对于狗狗来说，这可能是一个有问题的"职业"。警惕性很高的狗狗可能会盯着窗外，一边呜咽一边扭动头部，好像在观看网球比赛一样。它们可能会冲路人"大喊大叫"或低声抱怨，用头撞击窗户或电视屏幕，甚至会用身体阻挡客人！狗狗的这种行为不应该被一笑置之。如果任由看门犬放任自己的偏执，那么等它遇到动物和人时，很快就会做出激烈反应。

高度紧张

过度警觉会很快成为狗狗的一种生活习惯。不断寻找危险或威胁的狗狗其实正被压力激素影响着，这会缩短它们的寿命，破坏它们的免疫系统，并引发消化系统问题。你需要教它们如何放松和休息。

我该怎么做？

当下：

- 除非你的爱犬是在平静地看着窗外的世界，否则请把它从窗边叫走。给它提供一个更为轻松的娱乐方式，比如让它玩一个填充食物玩具。

长期来看：

- 不要让你的爱犬每天练习放哨。在你外出或忙碌时，把家具从窗边移开，拉上窗帘，或者让它远离有"电视"的房间。
- 你的幼犬需要一个新的爱好和日常的脑力游戏让自己放松。确保它可以通过规律的散步和训练来消耗精神能量，并提供给它互动式的益智玩具和游戏，让它知道如何获得奖励。狗狗喜欢解决问题，如果你不给它们难题，它们会自己创造难题。

眉头紧皱，
神情专注

> 保护自己的领地是一项崇高的工作，但我们现在有了监控摄像头和警报器，所以，告诉狗狗它可以休息一下。

眼睛紧盯不放，评估着潜在的威胁

闭上嘴巴，
吸纳气味

耳朵朝前，
保持警惕

肩部肌肉
紧张

双腿支撑，随时
准备应对危险

有何作用？

在狗狗的族谱中，放哨是一项必不可少的工作。提醒家人注意所有可能的危险，这对每个人的生存都至关重要。

47

我的狗狗会微笑

前几天，我的狗狗冲我微笑，我简直不敢相信，于是拍下了一张照片。有个朋友看到后，说狗狗看起来很奇怪。所以我现在很困惑，狗狗会笑吗？

有何作用？

狗狗微笑就是在进行枪械展览。它们露出牙齿是为了提醒你，它们满嘴都是武器。如果你再靠近一点，它们就会使用这些武器。

我的狗狗在想什么？

在整个动物界中，只有人类会露出牙齿表达喜悦。对于其他物种来说，露出牙齿是严重的警告信号。（尽管许多自拍照片证明，龇牙咧嘴在人类和在我们的猴子表亲身上一样，是一种威胁性的姿态！）我们可以教会狗狗将露出牙齿作为问候的信号，以此取悦人类并获得奖励。但重要的是要记住，假如一只狗狗冲你"微笑"，很可能是出于一个原因：请你退后。

狼式微笑

有些狗狗也会通过翘起嘴角、轻轻喘气、眯起眼睛等方式呈现出类似微笑的表情。在狼群中，这种"露齿笑"是一种用来维持和平的安抚姿态。假如有人在盯着你看时，你也会这样做。

我该怎么做？

当下：

- 如果你看到类似猫王式的卷唇或露出全部的牙齿，请立即后退。你这样做的话会让狗狗知道它的露齿行为是有效的，而不是鼓励狗狗进一步采取更具攻击性的行为，比如咬人（见第150—151页）
- 要确保孩子们理解并尊重这个重要的信号，给狗狗一些空间。

长期来看：

- 通过了解狗狗的一系列反应，你可以训练狗狗以不太激烈的方式要求多一些空间，比如转一下头或舔舔嘴唇（见第150—151页）。
- 尊重狗狗的空间，如果它们表现出需要独处的迹象，那就该给它们独处的时间。你的爱犬此时可能不想要拥抱，等需要时它会让你知道。

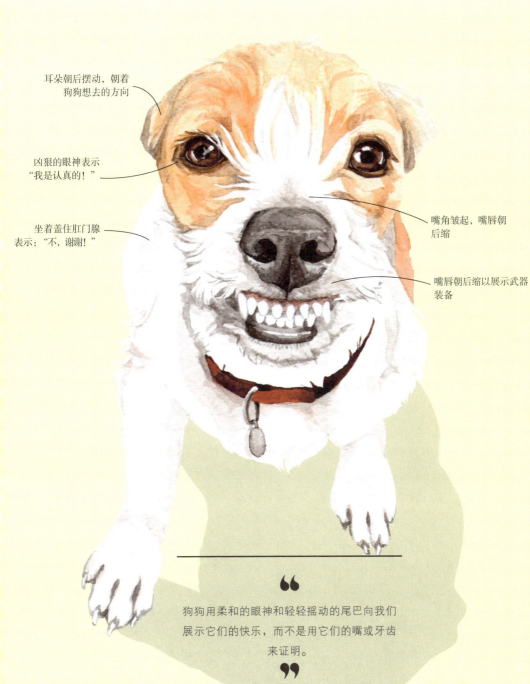

耳朵朝后摆动，朝着
狗狗想去的方向

凶狠的眼神表示
"我是认真的！"

坐着盖住肛门腺
表示："不，谢谢！"

嘴角皱起，嘴唇朝
后缩

嘴唇朝后缩以展示武器
装备

> 66
>
> 狗狗用柔和的眼神和轻轻摇动的尾巴向我们
> 展示它们的快乐，而不是用它们的嘴或牙齿
> 来证明。
>
> 99

我的狗狗痴迷于球

我的狗狗每时每刻都在玩网球，而且永不厌倦。看到它精力如此充沛真是太好了，不过，我确实想知道，这样做对它是否有益。

有何作用?

玩球可以引起你的注意，创造一个社交游戏，满足狗狗的捕食欲望，并释放大量快乐的多巴胺。有什么理由不喜欢呢?

我的狗狗在想什么?

狗狗对球类根深蒂固的上瘾源于"猎物序列"（见第104—105页）。你的爱犬通过操控球，获得了磨炼自然捕食技能的满足感。在追逐、捕捉球并将球挤压在嘴里的压力传感器上时，会释放大量让狗狗感觉良好的多巴胺。这对于召回和专项训练来说大有好处，就像跟随音乐跳舞、玩飞球和跳跃。不过，痴迷于球类的狗狗需要额外的训练来帮助它们在玩球之前、期间和之后放松，以保持理智。

如果网球对你的爱犬来说是最高形式的货币，那就让它赢得每一次的投掷吧。

我该怎么做?

当下:

- 如果你只是想训练一只奥运会级别的捡球犬，那就继续扔球吧！否则，在你扔球之前让你的爱犬稍作等待或表演一些技巧。这样做有助于狗狗练习从反应性右脑切换到"学习性"左脑，让它平静下来。
- 在你们散步的途中，把球收起来，用零食帮助你的爱犬回到现实中，让它看看、嗅嗅周围的世界。

长期来看:

- 叮嘱家人、朋友和客人不要在家里和狗狗重复去玩丢接球游戏，不然会让狗狗养成习惯。他们可以轻易地让狗狗兴奋，可是，他们能否让它平静下来呢?
- 让狗狗适度接触到球，并将这作为狗狗所认为的非凡奖励来使用。

戴上眼罩

　　一些精力充沛的狗狗，包括猎犬、梗犬和牧羊犬，可能会极度专注于球类或相关游戏，以应对紧张的周围环境。当它们全神贯注时，就如同戴上了眼罩，现实世界对它们来说就模糊了。在这种状态下，即使是周围发生的一个微小变化也会瞬间让它们的大脑涌入大量信息，导致它们"无缘无故"地咬人（见第26—27页）。

聚焦视野，表明"我的眼里只有我的球"

耳朵朝前，兴趣盎然

嘴巴紧闭，表明这是严肃的事情

鼻子朝向球，发出玩球的邀请

生存指南

我的新狗狗来了！

欢迎来到我家，狗狗！这是个激动人心的时刻，不过，你得考虑一下初来乍到的狗狗或幼犬搬到一个新家，要融入一个新家庭是什么感受。让它们安顿下来需要你的同情心和精心准备。

1
管理你的期望

啊，拥有一只新狗狗的美妙感觉胜过圣诞节、干净的被褥和新鲜面包的味道！你梦想着与这位新挚友一起漫步良久，在炉火前依偎。但是请不要忘记，你的爱犬正步入一个完全未知的世界，它需要足够的时间、空间和理解才能安顿下来。

2
保持低调

你的爱犬来到你家后，不要过多地摆弄它，也不要举办一个家庭聚会，或让孩子们过分地关注狗狗。不过，给狗狗零食也是交朋友的好方法。

3
一次一个

初来乍到的狗狗真的更喜欢一次去探索你家的一个房间。所以，每天让它进入一个新的房间。毕竟，它不仅仅是在观察新环境，还在极其细致地嗅闻周围的一切。

4
厕所在哪里？

狗狗来到你家后，要直接把它带到外面，告诉它厕所的位置——这样做才有礼貌！带它看看它的"卧室"，在床上铺一条带有狗狗气味的毯子，以帮助它放松。在床上放一份美味的食物也有帮助。

5
慢慢来

对于被救助的狗狗来说，它们需要三天时间来熟悉新家，三周时间来了解你，而你需要至少三个月的时间才能真正了解它们。先建立你们之间的纽带，然后再去像训练班这样"可怕"的地方。

我的狗狗不停跳跃

我喜欢看到狗狗见到我回家时兴奋得跳起来的样子。
可是，它对我的所有客人都会这样做，即使是
它完全不认识的访客。有时，它也会无缘
无故地扑到我身上。

我的狗狗在想什么？

跳跃是幼犬们经常发出的信号，表
示："嗨，我只是一只小狗狗，不要伤
害我。"有些狗狗在成年后依然会兴奋
地跳起来说"嗨！"不过，跳起来还有
其他含义，可能是为了引起你的注意，
希望得到更多关注。假如你的爱犬像忍
者一样向你扑来，表示它可能想要和你
玩耍。它也可能是想要表达"救救
我！"并试图逃离某些可怕的东西。在
你决定如何应对之前，需要弄清楚你的
爱犬跳起来的用意或者背后的原因（见
第22—23页）。

瞳孔放大，表示：
"我爱死你了"

蜷缩的
"快乐"耳朵
朝向主人

舌头在口中
放松

快速摇动尾巴，
散播气味

"嗨！"欢快跳跃

爪子的力量

狗的脚上有气味腺，无论走到哪里
都会留下用于交流的信息素。假如你外
出时没有带它们，那么等你回来后，它
们会跳起来用爪子拍你，这是可以让你
闻起来又像"家人"的好方法。

露出眼白，
表示不适

耳朵向后缩，
以示安抚

嘴巴紧闭
表示紧张

双腿充满
肾上腺素，
准备逃跑

尾巴低垂
或收拢以隐藏
气味"特征"

通过跳跃表达
"救救我！"

我该怎么做？

有些人实际上会在不经意间训练狗狗跳跃的动作。尽量不要一回到家就和狗狗打招呼——等它平静下来后，再打招呼。去它的床上和它打招呼，这样一来，会让它学会有人到来时它应该待在自己的床上。

- 打造狗狗的安全空间。留意那些你知道会吓到它的东西——比如别的狗狗闻它的屁股或者是吵闹的人类幼儿——在狗狗跳起来之前赶紧把它抱起来。
- 如果狗狗跳起来想要跟你玩耍，请不要用和它玩耍来奖励它。

减少跳跃：
- 当你的爱犬跳起来时，你要避开，这样它的爪子就不会落到你身上了。
- 和它打招呼时不要用手。
- 你进家门时把零食扔在地板上，以此教会狗狗无论何时有人来，都要把四只爪子放在地板上。

> **"**
>
> "嗨！"和"救命！"是狗狗跳跃行为的两种常见含义。你要仔细观察狗狗的姿势、尾巴、耳朵和眼睛，寻找它的真实感受的线索。
>
> **"**

我的狗狗兴奋时会转圈和吠叫

就在我们拿出牵引绳，或者开始准备狗狗的晚餐，又或者去开门的那一刻，狗狗会开始转圈和吠叫。太神奇了，就像是它为自己编排好了快节奏歌舞表演一样！

我的狗狗在想什么？

你的爱犬正处于精力旺盛的起伏状态，它希望你加快速度。狗狗能够表现出这种行为，是因为这种行为会让散步或晚餐来得更快（见第162—163页）。幼犬旋转着吠叫显得格外可爱，你可能在无意中通过用零食和玩具奖励教会它有趣的转圈。在这种情况下，转圈对它来说就是纯粹的快乐。有些狗狗的转圈是一种轻度强迫行为，以帮助它们应对等待的压力；它们很难放慢速度。

人类的自动售货机

我们会在不知不觉中训练狗狗做很多事情，当时可能看起来很有趣，可是后来却变成了令人恼火的习惯。你的爱犬是否会用爪子拍你，示意你抚摸它？在你停下后，它还会用爪子拍打你吗？你立刻或是心不在焉地用更多的抚摸奖励这种行为，这教会了它们用爪子拍打客人和陌生人。赢得我们的关注，而不是期待它自动引起我们的注意，这对狗狗有很多好处。

我该怎么做？

当下：

- 停止你要做的事情。假如你的爱犬没有得到它所期待的奖励，就会想尝试一些可能更有效的新方法——你可以训练它做一个新的游戏。
- 假如你担心狗狗有压力，可以通过提供食物玩具的方式转移它过度活跃的行为。

长期来看：

- 要积极主动。在你的爱犬转圈之前，要求它换个其他动作。随着时间的推移，这一动作将会取代转圈。
- 进行"定点"训练，也称垫子训练，让你的爱犬学会在你的提示下，去同一个地方并坐在那里。
- 改变你的习惯。假如你总是从同一个柜子里拿出牵引绳，也就难怪狗狗每次看到你去那里时会发狂了。偶尔把牵引绳放到其他地方，以打破狗狗的联想。

遮住牙齿吠叫，与其说是惧怕，不如说是兴奋

转动时毛发飞舞，表示紧张和兴奋

有何作用？

旋转、转圈和吠叫是狗狗表达快乐、兴奋或沮丧的方式。你要给予狗狗指导，否则它会自己编造动作！

因沮丧而造成的高速运动

"
你希望狗狗不要旋转而做点别的什么吗？
先明确训练目标，才能成功地改变行为。
"

我的狗狗喜欢吃草

我花了一大笔钱买了高质量的狗粮，可是狗狗每天还是会外出吃草。
我的邻居说狗狗是想让自己生病。它这样做可能是因为进食障碍吗？

我的狗狗在想什么？

你的爱犬的行为并不罕见；事实上，几乎所有狗狗都会吃草，但并非什么草都吃，而是吃一种叫作"茅草"或"狗草"的特定种类的草。不过，关于狗狗吃草的原因，目前还没有定论。我们知道，狗狗的祖先在野外猎杀食草动物，通常都会先吃掉猎物那填满了草的肚子。狗狗也喜欢吃食草动物的粪便，这些粪便基本上都是草。狗狗们在经历紧张的社交活动后，经常会去吃草，说明吃草可能会帮助它们放松或对抗生病以及焦虑的感觉。有时，它们会三五成群地一起吃草，有点像我们在酒馆里和酒友分享坚果。

狗狗是为了排毒吗？

除了叶绿素外，茅草还含有果聚糖、黏液、钾、锌和琼脂油，这些物质具有强大的抗生素特性，可以抗感染并帮助溶解膀胱或肾脏结石。长期以来，瑞士人和法国人也把它作为人体草药（或"春季补品"）为肾脏和肝脏排毒。

这是什么意思呢？

- 没有人知道确切的原因。有种说法是，茅草的长度足以缠住肠道中的蛲虫，帮助狗狗自然地排出寄生虫。另一种说法是，茅草会让狗狗的喉咙后部发痒，如果狗狗需要呕吐的话，茅草可以帮助它们催吐。

- 草可以补充狗狗缺失的营养物质。它含有叶绿素（植物中的绿色部分），可以改善血液状况，帮助预防感染和肝癌，并且有助于消化。现代的犬类不能选择自己的饮食，而狗粮中很少含有新鲜的绿色蔬菜。把羽衣甘蓝、西蓝花和菠菜之类的蔬菜煮至半熟，然后将之与日常食物混在一起给狗狗吃，对狗狗是有好处的。

- 一项科学研究发现，近80%的狗主人表示他们的爱犬每天都吃草，而只有8%的饲主表示他们的爱犬在吃草后生病了。所以不要担心，吃草并不一定意味着狗狗有清肠的冲动。

大约有80%的狗狗和47%的狼每天都吃草，由此可见，吃草不仅是自然行为，而且极有可能是为了摄取营养。

眼睛紧闭，
耳朵放松表示享受

茅草的
叶片
又厚又长

用后臼齿咀嚼
会释放出让狗
狗感觉良好
的激素——多
巴胺

有何作用?

是因为狗狗缺乏营养吗?
还是需要摄入粗纤维? 是抗
酸剂? 还是催泻剂? 也许, 茅
草只是有些美味而已! 需要
做更多的研究来解开狗狗
吃草之谜。

生存指南
让幼犬融入社会

是时候让幼犬认识道路、孩子、足球、帽子、猫咪以及更多的东西了！
缺乏社交能力是幼犬被遗弃的主要原因，所以，不要耽误带你的幼犬
认识世界。

1
将计划落实到位

对幼犬进行社会化教育需要掌握好时间。你应在幼犬8至16周龄时，向它介绍成年后所需的一切，让它对周围环境充满信心。仅需两个月的时间，它就可以体验各种不同的经历。所以，着手计划那些每日一练吧。

2
建立积极的联系

社会化是指在不同的视觉、声音、质地和气味中变得自信的过程，并且学会在不同情景中做出恰当的行为。带着美味的食物出门将帮助幼犬与许多不同的环境建立起积极的联想。

3
谨慎行事

在允许你的幼犬与其他狗狗玩耍之前，你需要辨别哪些游戏是公平的，哪些是不公平的（见第120—121页和第122—123页），这样你才能在狗狗玩耍时好好监督它们。

4
放手学习

在社会化过程中，保持牵引绳松弛很重要。假如你的幼犬正在体验一些新的事物，拉紧牵引绳或者过度控制会吓到它们，甚至制造恐惧。

5
制作一个巢穴

有时这一切活动对狗狗来说会有点消耗精力。疲惫的幼犬会不时地需要休息和独处，就像人类的婴儿一样。所以，要给它们一个安静的地方，让它们可以藏身，感到安全。

我的狗狗蹭来蹭去

不知道为何我那厚脸皮的狗狗总是蹭来蹭去。我已经给它做了绝育手术，可是它仍然对其他狗狗做这种事，在家里对着沙发垫、玩具、猫咪……甚至还在我身上蹭来蹭去。它这是想要成为首领吗？

我的狗狗在想什么？

我们不要把这个问题想得太复杂——狗狗自认为这种感觉很好！蹭来蹭去是一种性行为，也是狗狗在任何情况下面对焦虑或挫折的常见反应；当你的爱犬感到有些压力时，蹭来蹭去能迅速让它感到愉悦和有控制感。即使是在绝育后，公犬和母犬都会蹭来蹭去。与普遍的看法相反，蹭来蹭去与所谓的支配地位无关；事实上，经常蹭来蹭去的狗狗通常都不是最自信的狗狗。信不信由你，它们往往是想通过这一行为安抚

应该给狗狗绝育吗？

即使在一些兽医中间，这也是一个普遍的误解。有些人认为通过阉割或绝育可以减少狗狗蹭来蹭去，因为这主要是一种性驱动或性主导行为（见第24—25页）。没有任何科学证据表明绝育可以改善除漫游——也就是追赶发情的未绝育的母犬——以外的任何行为。绝育并不能阻止狗狗蹭来蹭去，甚至可能会增加容易紧张的狗狗的攻击性，这种类型的狗狗不希望其他狗狗靠得太近，通过闻屁股来发现它们的生殖状况。

自己或其他狗狗。

我该怎么做？

当下：

- 不要对你的爱犬大喊大叫，因为这反而会强化它的这种行为。平静地走出房间或者不去注意它，向它表明你对它的行为丝毫不感兴趣。

- 当你的爱犬看起来很兴奋，想要蹭来蹭去时，引导它吃点东西来自我安慰，这是社交中更容易被接受的行为。

- 假如你的爱犬遇到另一只狗狗，并把头伸到对方的背上，请把它叫走——这可能是它即将蹭来蹭去的信号。患有社交焦虑的狗狗可能会在打完招呼后或者在感觉受到威胁时这样做（见第116—119页）。

长期来看：

注意观察周围的情况，弄清楚你的爱犬为什么想要蹭来蹭去。这种行为是否发生在你最喜欢的电视节目刚刚开始时，或在陌生人进来之时，又或者是在它的东西被拿走的时候？

自信的狗狗不会到处乱蹭。真正自信的狗狗不需要这样做——它们的姿态和气味就已经足够具有吸引力了。

当大脑在说"往后退一点，再往下一点"时，耳朵就会向后拉

全神贯注地
卷起尾巴和舌头

前腿夹住
"猎物"

有何作用?

蹭来蹭去表明有性功能，同时也是所有狗狗在感到沮丧或焦虑时表达自己和安慰自己的一种简单方式。

我的狗狗是社交媒体明星

我的狗狗是个明星！它在社交媒体上拥有大量的追随者，它的衣柜比我的还要大。人们喜欢看它摆出像女王般的姿态，而我喜欢做它的巡演经纪人。

我的狗狗在想什么？

一想到全世界都像你一样爱着你的狗狗，这真是太棒了！谁不希望自己最好的朋友有一个粉丝俱乐部呢？可是，我们很容易沉迷于点赞数，于是会忘乎所以地打扮自己毛茸茸的朋友。有些狗狗喜欢在你开心时，得到你的全部关注。可是，大多数狗狗会害怕你给它穿上芭蕾舞裙或戴上礼帽。观察狗狗的肢体语言以寻找线索。狗狗可能感到压力很大，心里在想："我更想去公园散步，而不是走猫步！"

我该怎么做？

如果你需要抱着你的爱犬给它穿衣服，它可能会不太舒服。假如它喘着粗气或僵住不动，说明它肯定感受到了压力。你可以用奖励和耐心教会狗狗享受穿衣服的乐趣（见第172—173页），不过，假如你的爱犬挣脱，那就停下来，让它离开。

考虑一下狗狗的品种和皮毛。拥有厚重双层毛发的狗狗穿上羽绒服或套头衫会感觉很热。那些"时尚"配饰也可

这些配饰是为你的爱犬准备的，还是你的爱犬已经成了你的配饰？狗狗的美丽远不止于外表。

能让狗狗不舒服——给狗狗戴上一条荧光棒项链听起来很有趣，不过最后它还是会把项链扯下来并咬坏！

你花在狗狗社交媒体账户上的时间要比与它互动的时间多吗？那不如考虑每天多花一个小时和它玩耍、训练和散步。

打趣

狗狗知道你什么时候在嘲笑它们。和我们一样，狗狗也是社会性的动物，它们能够感知朋友的情绪和面部表情，并通过模仿来学习。把狗狗打扮成"滑稽"的样子，不仅可能会让它们感到悲伤，还会鼓励下一代也去取笑它们。你想成为这样的始作俑者吗？

有何作用?

系头巾是为了增进感情,
还是为了炫耀你的小狗? 对
你来说, 打扮你的爱犬的目的
是什么呢? 它是否乐意配
合?

皱眉纹
表示紧张

耳朵后奔,
担心自己身上
有什么

露出眼白
表明不舒服

喘气以
缓解压力

鞋子遮住了气味腺,
可能导致过热

我的狗狗探嗅一切

我的狗狗在整个散步过程中都在嗅来嗅去。它就像一个艺术鉴赏家，而在每根灯柱的底部都有一幅《蒙娜丽莎》，每天都需要仔细鉴赏一番。它为何对嗅探东西如此痴迷？

我的狗狗在想什么？

对你的爱犬来说，在一个固定的嗅探点停下来，有点像你在查看自己的社交媒体动态。狗狗的鼻子和嗅觉器官极其敏感，可以"读取"其他动物的来访时间和行走方向的最新信息，并能识别出它们的物种、年龄、生殖状况、压力水平、饮食和健康状况——所有这些都可以从一滴滴的尿液中读取到。你的爱犬甚至可能会跷起一条腿"点赞"一个帖子，并加入"聊天"的行列中去！深入这些论坛需要时间，所以要尊重这个气味的世界，但不要让它主宰你的散步。

让它平静下来

嗅探也是一种平静的信号，这是狗狗用来要求人们和其他狗狗放松的动作。假如我们拉扯、催促或给狗狗施加压力，它们可能会把鼻子贴在地面上，或突然窜到某个地方好好地嗅一嗅，以缓解加剧的紧张情绪。关注你的感受，如果你想引起狗狗的注意，就别皱着眉头了！（见第92—93页和第168页）。

我该怎么做？

当下：

- 四个比较公平！通过给狗狗发出"去看看"的提示，让它每隔四个嗅闻点嗅探一次，允许它在那里深嗅2至5分钟。

- 等时间一到，就立刻离开。使用"走这边"这样的提示自信地向前走。要是狗狗跟上你了，就奖励它，称赞它。假如你过于温和地劝说它继续往前走，它有可能会完全无视你。

长期来看：

- 在公园里，与你的爱犬玩一个有趣的侦探游戏来引导它的嗅闻。你可以跑到它前面去，在一丛草里藏好食物，并待在那里，低头看着它，直到你的爱犬过来检查后"发现"食物。然后你迅速跑到其他地方，再重复一次。

- 偶尔进行一次完全以嗅探为目的的散步。在散步中，教会狗狗服从性游戏将帮助它与你保持步调一致。

迪伦

拉布拉多, 5岁,
睾丸完好。"刚刚吃
了猫咪的早
餐！"

巴尼

比格犬, 3岁, 已绝
育。"昨晚回家的路
上在这里撒了
尿。"

珍妮

可卡布犬, 6个
月。"请和我做朋
友吧, 我初来乍
到！"

对气味"故事"
做出反应
而摇尾巴

诸如缺乏耐心的
主人这样的外部
因素并不重要

有何作用？

嗅探对狗狗来说有着一
系列作用——"聊天"、狩
猎、标记领地、探测其他物
种、请求我们冷静下
来等。

"阅读"并迷失
在复杂的信息中

闭口
感受气味

67

生存指南
遛狗

你肯定可以通过遛狗得到更多的锻炼！但遛狗可能是一场美梦，也可能是一场噩梦，这要取决于你的心态和你为建立与狗狗的关系做了多少基于奖励的训练

1
每天都要遛狗

除非你的狗狗是消极被动的或是胆小怯懦的性格，否则应该每天带它们外出散步，防止它们因无聊而变得焦躁不安。经常散步的狗狗在独处时能更放松，并能与外界保持良好的关系。

2
为快乐而计划

外出遛狗时，你最好带上零食和玩具，以便与爱犬共度美好时光，创造快乐回忆。正如同你不会在不带足球或飞盘的情况下，带孩子们去公园玩耍一样，所以出门前你要计划好与狗狗一起开心玩耍。

3
抓住时机

摘下你的耳机，把手机放进口袋。与你的狗狗一起散步意味着你可以欣赏它们的滑稽表演，确保它们的安全，并与之建立更牢固的联系。

4
来点变化

变换你的路线和风格，让散步变得生动有趣。你可以每天更改散步的地点，比如一天选择在马路上散步，另一天去公园散步，接下来的一天是训练散步，之后可能是感官的"嗅探"散步，甚至参加一些城市的跑酷活动！

5
着装舒适

使用宽大的带衬垫的项圈或带扣环的背带来遛狗。锁链、滑绳和马蹄铁项圈会让狗狗疼痛、感到不适。

6
放松绳索

训练你的狗狗时要放松牵引绳，这样可以减少它对其他狗狗和人的反应，这也意味着散步会让你们更加愉快（见第170—171页）。

我和我那
神奇的狗狗

与狗狗建立深厚的、终身的联系是一种非
常有益的经历。狗狗们总是向我们展示我
们是它们的世界的中心——即使我们有时
误解了它们的行为方式。

我的狗狗用一个眼神就融化了我

每当我吃东西的时候，低下头就会看到一张小小的脸，一双大大的眼睛，令我难以抗拒。从我的盘子里拿出一两根香肠给那楚楚可怜、饥肠辘辘的狗狗又有什么坏处呢？

有何作用？

被驯化的狗狗对人类更有吸引力，会得到更好的食物。这往往会促使它们茁壮成长，拥有更多的幼崽，并传递"可爱的基因"。

我的狗狗在想什么？

这种姿态不容置疑：它纯粹而不加修饰地表达着"求求你了"。狗狗会利用特定的面部肌肉提高它们的内眉，使眼睛看起来更大、更像个孩子。研究发现，经过数千年的驯化，狗狗进化出了这块肌肉，专门用来吸引人类的注意，诱使我们给予关爱。狗狗摆出这种姿势与周围的环境息息相关：你的狗狗可能只是想要食物、想去散步或想要获得关注。它也可能是在试图安慰你，也可能是真的感到焦虑（见第64—65页，第178—179页）。

大大的眼睛，加上圆圆的脑袋，狗狗模仿人类婴儿的外貌，触发了我们体内的养育本能。

我该怎么做？

当下：

- 假如你不想看到幼犬乞求食物或关注的样子，那就别看它的眼睛。眼神接触是对它最大的奖励，如果它一用这种表情看你，你就满足它的需求，那么无论它在做什么，都会要求得到更多。

- 假如你的狗狗是因为恐惧而在寻求帮助，那么请你给予回应。但如果它只是想要食物或关爱，严厉的爱通常是更好的选择。

长期来看：

- 训练每个人，包括你自己！不要因为狗狗在吃东西时冲你抛媚眼就给它们奖励。只要有一个人对它做出让步，它就能学会向所有人乞食。

- 要把狗狗的健康放在第一位。因为狗狗看起来很可爱而奖励它，这会让你感觉很好，可能还会加强你们之间的联系，但这并不是真正的爱。你会陪它进行超长距离的散步，以消除它不断变大的腰围吗？

圆圆的脑袋让大多数狗狗看
起来像婴儿一样

宽宽大大的眼睛在
说："爱我吧！"

耳朵耷拉下来，
让面部看起来
最可爱

悲伤的脸

　　尽管我们容易把人类的
情感投射到宠物身上，但
是，"看起来内疚"的狗狗不过
是一种误解（见第24—25页）。狗
狗的所作所为对它们来说，要么是有用
的，要么是没用的，所以它们没有是非观
念。但是，如果你因为它们做了你不喜欢
的事情而抱怨或指责，它们就会用悲伤的
表情安抚你。不要惩罚那张"内疚"的
脸——狗狗根本不知道自己做错了什么。

我的狗狗会舔我的脸

我的狗狗舔完恶心的东西后又来亲我! 我对此并不介意, 因为我知道这是它表达爱的方式。不过, 假如它口水四溢地要去舔孩子们时, 我会拉住牵引绳阻止它。

有何作用?

对狗狗来说, 舔脸是一种表达爱意、尊重和安抚的方式, 也是收集信息或乞求食物的一个机会。

我的狗狗在想什么?

你的狗狗是在表达它对你的爱, 同时也在从唾液和口腔周围的腺体中获得信息, 以了解你的感受。这也是将它独特的气味覆盖到你脸上的绝佳方法。幼犬在断奶期间会进行这一重要的仪式, 因为舔脸会刺激父母为它们反刍半消化的食物, 有点像蹒跚学步的幼童在父母回家后跳进购物袋里。不过要小心: 狗狗唾液中可能有沙门氏菌和有害的大肠杆菌。

狗狗的诊断?

医学检测犬证明, 不可思议的狗狗能够嗅出从我们的血糖水平到癌症等身体状况的气味特征。狗狗那超级敏感的鼻子已经习惯了每天嗅探我们的气味。因此当它们嗅到可能表明存在健康问题的气味变化时, 很可能会更加频繁地嗅探、抓挠或舔舐我们。

我该怎么做?

当下:

- 这是你的个人选择。但如果你因为狗狗舔你的脸而大笑或表扬它, 那会给它很大鼓励, 很快你的整张脸上就都是它的口水印了。
- 假如有人不喜欢被狗狗舔脸, 也不要做出过激的反应, 否则会让狗狗更想去舔他们, 以表明自己没有任何恶意。可以请他们自行走开, 让狗狗知道他们对它这一举动不感兴趣。

长期来看:

- 假如你不想让狗狗去舔别人, 最好就不要让它在你身上进行练习。
- 对狗狗来说, 面对面是一种对抗性情况。值得庆幸的是, 当我们和狗狗靠得太近时, 大多数狗狗会充满爱意地舔我们。可是, 家里喜欢被狗狗舔脸的孩子可能会犯一个危险的错误, 那就是把脸贴近陌生的狗狗。

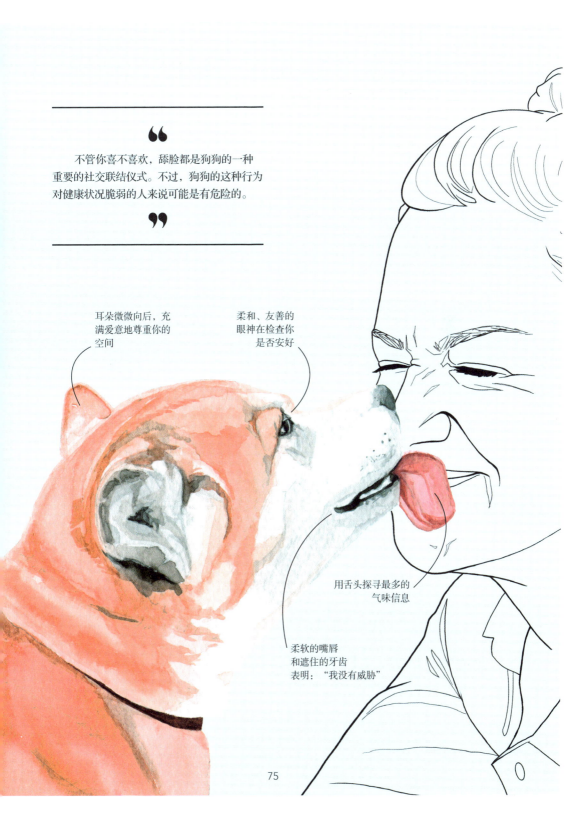

> 不管你喜不喜欢，舔脸都是狗狗的一种重要的社交联结仪式。不过，狗狗的这种行为对健康状况脆弱的人来说可能是有危险的。

耳朵微微向后，充满爱意地尊重你的空间

柔和、友善的眼神在检查你是否安好

用舌头探寻最多的气味信息

柔软的嘴唇和遮住的牙齿表明："我没有威胁"

我的狗狗对着我的脸打哈欠

每天，我的狗狗都会迎上前来拥抱我，但五分钟后，它就会冲着我的脸打哈欠。它是不是在说已经厌倦我了？

我的狗狗在想什么？

是的，它认为你很无聊！我只是在开玩笑而已。事实上，狗狗通过打哈欠诉说很多不同的事情，比如"你好""快点""救命""我等不及了""我太兴奋了！""我不想要那个""我不明白"或"我们接下来要做什么"。狗狗常常打哈欠，这是一种潜意识的替代行为，也是它们表达平静下来的信号。它们在遇到轻微压力的时候会通过打哈欠缓解紧张情绪（见第22—23页）。对狗狗而言，打哈欠还有一个重要的生物功能：通过吸入氧气为大脑和肌肉提供能量，为行动做好准备。

双向对话

打哈欠是一种跨物种行为，人类和狗狗都会用它来表达沮丧、苦恼或期待。因此，当你打哈欠时，你的爱犬很可能在想："我的人类主人在想什么呢？"如果你在一只友好的狗狗附近打哈欠并伸懒腰，它通常会过来舔你的脸以示问候，因为你正在说"狗狗"的语言！

我该怎么做？

当下：
- 不要把手指伸进狗狗的嘴里以打断它打哈欠。这种行为很粗鲁！
- 放宽视野，观察周围环境。狗狗是否在期待一些有趣的、可怕的或沮丧的事情，或者它想告诉你，它身上或周围发生了令它感觉有轻微压力的事情？（见第20—21页）
- 狗狗打哈欠时，听听是否伴有吱吱声或叹息声？狗狗经常会把打哈欠和发声结合起来以增加戏剧效果，让你以某种方式行事或引起你的注意，比如它在等你带它去散步。

长期来看：
- 要教会家人和朋友识别狗狗感到轻微压力的信号，并同情地回应你的爱犬要求改变周围环境的请求，也许你可以打开一扇门或通过拥抱让它从压力中解脱出来。
- 注意你的爱犬打哈欠的模式。是否存在一个常见的事物？比如，公园里出现了一只你以为是它的伙伴，但实际上是"敌人"的狗狗？

狗狗可以在不露出最上面一排牙齿的情况下打哈欠。假如你能看到这些牙齿，那是因为狗狗希望给你看，这样你就知道它很沮丧。

眼睛紧闭
以示安抚

当中耳肌肉收缩
时，脸颊向后拉

舌头卷曲着伸
展，扩大喉腔

盖住牙齿
表明没有威胁

生存指南

在城里漫步

无论你是国际大都市的购物狂还是乡村居民，教会你最好的狗狗朋友在繁忙的街道上到处观察，怀着信任与你同行，这对幼犬来说至关重要，对年长的狗狗来说也是很好的分散注意力的训练。

1
注意时机

当你的狗狗被如自行车或公共汽车等陌生景象吓到时，你要迅速给它零食并给予表扬。捕捉狗狗的反应，将"哇"转换为"耶"，这样会减少它的焦虑。

2
休息一下

假如你的爱犬看起来被城市生活的喧嚣所困扰，不妨选择一条安静的小路，减少干扰，让它放松地嗅上一嗅。

3
慢慢来

你第一次将幼犬带到建筑密集且交通繁忙的地方时，要慢慢来，不要着急。在紧张的环境中，训练时间要短，一开始最多花10—15分钟，然后逐渐延长。

4
随身携带食物

在你们外出散步时，请准备好美味的零食，并把它拿到狗狗的鼻子前，从而让行人和其他狗狗通过人行道上较窄的地方。

5
轻松愉快地散步

保持狗狗的牵引绳松弛，你的语调要轻快，以向它表示你喜欢这些陌生而繁忙的地方，这样它也能乐在其中（见第26—27页和第170—171页）。

6
我们到了吗？

朝着一个值得奖励的目标努力，比如去宠物店、对狗狗友好的咖啡馆，或者其他固定去的休息站，在那里让你的狗狗尽情享受咀嚼或零食。下次它就会记住这个地方！

我的狗狗似乎准备向我扑来

在家里，有时狗狗会前肘着地，身体下俯，好像要扑向我。在公园里，它和其他狗狗在一起时也会这么做。它们是在玩耍还是在打架？

我的狗狗在想什么？

　　这个友好的动作是寻求许可的姿势，狗狗是在说"你想玩什么"。前肘着地、屁股翘起是狗狗邀请另一只狗狗或者你本人通过玩耍与它建立更深厚关系的最佳方式之一（见第116—119页）。这一姿势也在告诉玩伴，接下来无论发生什么都没有关系。狗狗非常擅长维持和平。有时，当一只压力过大的狗狗向它激烈地打招呼时，它会向对方行玩耍式伏地鞠躬，从而以这种滑稽的方式分散注意力，让对方平静下来。

有何作用？

对狗狗来说，玩耍式伏地的主要作用是表达："我已经准备好享受一些好玩的、老套的游戏了，想和我一起玩游戏吗？"

放松、快乐的面部表情表示："我有点冷！我们来玩吧！"

有仪式感的玩耍式伏地姿势，仿佛在说："准备就绪！"

80

在中间位置摇动尾巴，表明狗狗没有过度亢奋

下犬式展示了狗狗的年龄、精力和灵活性

我该怎么做？

当下：

- 向你的狗狗回以鞠躬！鞠躬是狗狗很容易理解的行为，它们喜欢你冲它们鞠躬。
- 假如你的狗狗没有绳索牵着，但是对另一只被绳索牵着的狗狗鞠躬，你要赶紧把它带走，否则它们可能都会很沮丧，因为不能在一起玩。

长期来看：

请你利用玩耍式伏地和其他游戏信号来召回你的爱犬，让它远离其他狗狗——对善于交际的狗狗来说，游戏比食物更有价值。你可以一只手拿着食物，将手从头顶上方往下甩到脚边，召唤你的狗狗。狗狗会认为你的心情很好，是在邀请它玩一个有趣的游戏！

是猎物还是游戏？

"捕猎式伏地"发生在狗狗扑向猎物之前，是一种自然本能（见第104—105页）。玩耍式伏地和"捕猎式伏地"看起来很相似，因为玩耍式伏地是仪式化的捕猎式伏地。仪式化行为是重要生存技能的简化或温和版本，随着时间的推移，为适应社交功能演变而来。因此，玩耍式伏地是致命的狩猎动作的温和版本，类似于孩子们用假剑玩打斗游戏。

我一到家，
狗狗就尿尿

我喜欢看到回家时前来迎接我的小狗，可是我们每次甜蜜的团圆总是被它在地板上甚至在我身上撒尿给搞砸了！

我的狗狗在想什么？

你的爱犬要么是在用撒尿派对来欢庆你的到来，要么是担心被你操控。幼犬的新陈代谢比大狗狗快得多，但对连接膀胱的括约肌的控制力要弱很多。因此，它们在兴奋或紧张时更容易尿尿。此外，幼犬的膀胱很小，拉布拉多犬的膀胱大约有柠檬大小，约克夏梗的膀胱只有一颗大葡萄那么大。这就是为什么在你对爱犬进行如厕训练时，每隔一小时就得带它到外面上厕所很重要。

跑……去厕所！

有没有在玩捉迷藏的时候突然发现自己很想上厕所？肾上腺素告诉身体要迅速甩掉任何不必要的负担，以防你需要逃命。突然爆发的强烈喜悦或恐惧在狗狗身上也会产生同样的反应。

我该怎么做？

当下：

- 你刚回到家就看到狗狗尿尿，不要大惊小怪。直接把它带到外面，这样它就会知道，它在户外尿尿会受到表扬。
- 你的爱犬用尿尿迎接你时不要责骂它，否则这种反应可能会根深蒂固地伴随小狗直到成年。
- 尽量不要逼近或俯身靠在狗狗身上——尤其在封闭的走廊里——那样做会导致它们因顺从而撒尿。要是你的爱犬很紧张或者在打滚，试着跪下来迎接它，或者扔个球让它转移注意力，把问候的重点放在其他地方。

长期来看：

对那些在你回家后仍在撒尿的成年狗狗，应该带它们去看兽医，因为这也许是尿路感染的迹象，甚至可能是肾功能障碍或糖尿病的症状。

眼神柔和，带着
友好的安抚之意

嘴巴张开，因兴奋
而喘着粗气

卷起的"快乐"耳朵
邀请你前去触摸

打招呼时尾巴
高高翘起，表
现出兴奋之情

"

你的小狗最终会长
大，不再通过撒尿来"打
招呼"。在那之前，请保
持平静的问候语气，厨
房里的卷纸也要随时待
命！

"

我一到家，狗狗就给我叼来礼物

当我回到家或者客人来我家时，狗狗总是会找到礼物叼过来：鞋子、玩具，甚至它的床。而当我说"放下"时，它并不会真的放手。

我的狗狗在想什么？

这是人类与狗狗之间最可爱的误解之一。信不信由你，叼着东西有助于狗狗放松，这与送给你什么东西几乎无关。当感到兴奋时，狗狗的大脑深处有一个开关会启动："我必须叼着点什么！"因为见到你（和你的访客）让狗狗变得十分兴奋，它需要一个"安抚物"来应对这种情绪。所以不要夺走它的"礼物"——它需要叼着这份礼物！这种玩具游行的应对策略在"听候差遣"的枪猎犬中最为常见（见第14—15页）。

>
>
> 喜欢送礼物的狗狗会叼取附近的任何物品，却几乎不知道那是什么；它们并非不愿意，而是放不下。

我该怎么做？

当下：

- 当你的狗狗叼着物品时，你要表扬它，而不是从它口里夺走。等狗狗平静下来，它会自然而然地松开嘴巴，把东西放下。
- 假如这件物品可能对狗狗有害，那就冷静地叫住它，并在它的鼻子前放零食，这样它就会用叼着的东西来交换。准备好替代物，比如玩具，以备它安抚自己之用。
- 不要追赶你的爱犬，也不要因为你的爱犬"选择"了这个东西而责骂它。这可能会破坏你们的关系，它可能不再叼取物品，而是吞下它想来保护的物品（见第140—141页）。

长期来看：

你可以训练送礼物的小狗去取你想要的东西，比如拖鞋，方法是用食物、玩具或它想要的东西和狗狗玩"寻找"和叼取游戏。之后将食物放在门前，在你回家时，让小狗去"找到它"。

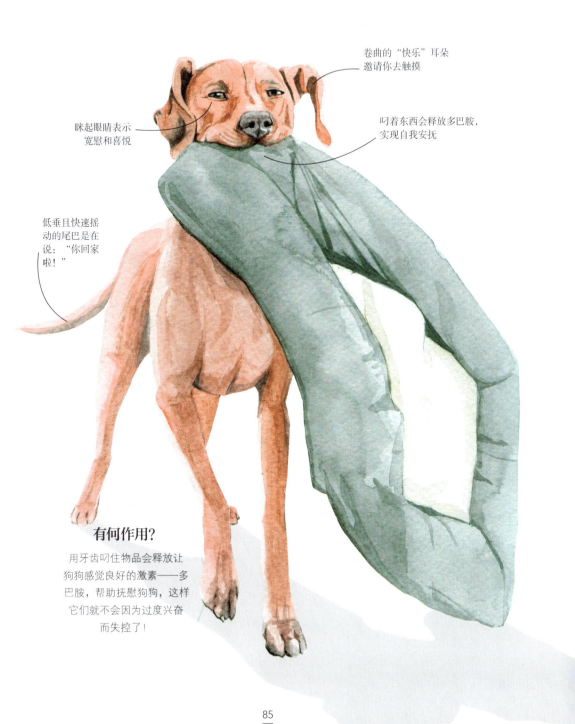

卷曲的"快乐"耳朵
邀请你去触摸

眯起眼睛表示
宽慰和喜悦

叼着东西会释放多巴胺,
实现自我安抚

低垂且快速摇
动的尾巴是在
说:"你回家
啦!"

有何作用?

用牙齿叼住物品会释放让
狗狗感觉良好的激素——多
巴胺,帮助抚慰狗狗,这样
它们就不会因为过度兴奋
而失控了!

生存指南
离开你的小狗

除非你愿意永远放弃你的工作和社交生活，否则总有一天你要离开你的小狗让它独处。养狗的家长们需要在幼犬时期就教会它们如何独自放松。

1
日间分散注意力

在你去另一个房间之前，确保你的小狗有三四件可以啃咬或嗅闻的东西。当它们意识到找不到你时，可能会呜咽几声。不过，它们会很快投入玩具中去。这时就是你回来的信号提示！你的小狗现在已经学会了，啃咬和玩耍是确保你回来的好方法，这正是你希望在你离开后它们能做的事。

2
慢慢积累

进行白间分离训练的最佳时间是在你的小狗进行了运动、得到了精神刺激并且吃过东西之后。你应该在至少两个月内逐渐增加这些分离期。假如你发现小狗在沮丧中破坏了它们的围栏、门或踢脚板，这意味着你离开的时间太漫长、太匆忙了。

3
分开睡觉

从第一天开始，让你的幼犬在另一个房间的笼子或围栏里过夜，让它们习惯有6—8小时的单独睡眠时间。

4
让它们哭一下？

专家曾经建议，你的幼犬在晚上呜咽时，不用去管它。不过，你得让它们知道你就在附近，能够保证它们的安全，让它们安心，这点很重要。在夜里，你可以回去安抚一只哭泣的小狗，但之后你就应该立刻回到床上去。坚持下去，幼犬最终会停止呜咽的！

我的狗狗吃醋了

我的狗狗忌妒心很强！我坐在沙发上的时候，它会挤开我的伴侣和猫咪，然后爬到我的腿上，之后就不让他们再靠近我。

我的狗狗在想什么？

从狗狗的视角来看，嫉妒是爱、恐惧和挫败感的结合，它过去与别人分享你的这种经验会影响它未来的行为。我们可能会自欺欺人地认为，这种行为很甜蜜，很有趣。但事实是，狗狗对失去你的关注深感不安，并成功地控制着别人接近你。你需要提醒它，即便有新人和新动物进入你的生活，它对你而言仍然很重要。需要花时间和训练让它知道，与大家一起分享你对它而言是很有价值的。

有何作用？

对狗狗来说，控制食物来源、散步和关爱是它们生存的关键。假如有效，它们会继续这样做（见第22—23页）。

虽然你是狗狗的世界中心，不过，它需要你的支持才能明白，'我想要'并不意味着就能一直得到你的关注。

我该怎么做？

当下：

不要在狗狗表达嫉妒时责骂它，即使它发脾气。否则它会认为，其他人和动物的出现意味着它会受到责备，这会让它更没有安全感。

长期来看：

- 不要让狗狗在床上或沙发上占据你和你爱人之间的位置，借此分散你对爱人的关注。假如它这样做了，请冷静地把它赶下去。
- 要让分享你的关注一事变得对你的爱犬有价值；每当它对"竞争者"表现出耐心时，就要表扬它，并奖励它零食。
- 定量分配你能提供的情感和身体接触。平常能快速、轻松地接近我们的狗狗，在不能接近我们时，很快就会发脾气！
- 给你的爱犬一些有趣的东西，让它们在自己的床上吃或玩耍，而不是整天坐在你的身上或旁边。

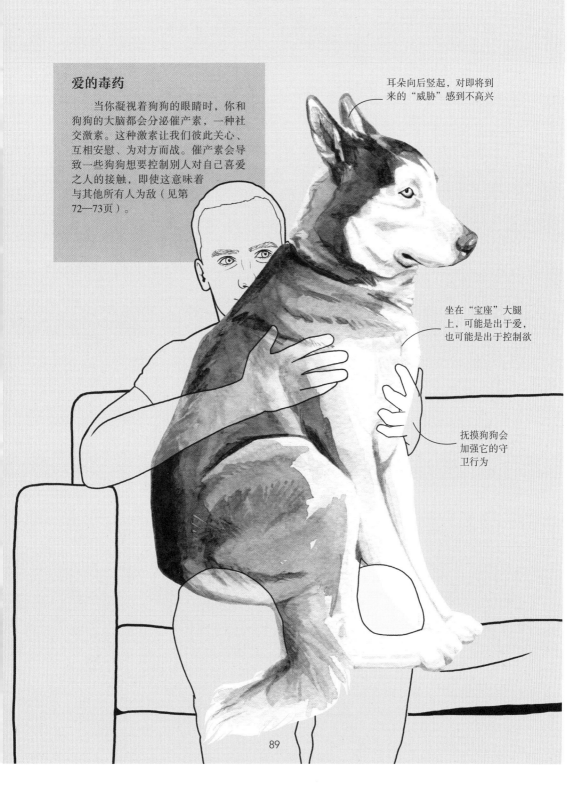

爱的毒药

　　当你凝视着狗狗的眼睛时，你和狗狗的大脑都会分泌催产素，一种社交激素。这种激素让我们彼此关心、互相安慰、为对方而战。催产素会导致一些狗狗想要控制别人对自己喜爱之人的接触，即使这意味着与其他所有人为敌（见第72—73页）。

耳朵向后竖起，对即将到来的"威胁"感到不高兴

坐在"宝座"大腿上，可能是出于爱，也可能是出于控制欲

抚摸狗狗会加强它的守卫行为

89

在家里，狗狗和我形影不离

我的狗狗就像我的影子一样。我居家办公，所以整天都和它待在一起。无论是我上楼，哄孩子们上床睡觉，还是上厕所，它都紧紧跟随，形影不离。

我的狗狗在想什么？

你的"黏人精狗狗"是在告诉你："我爱你！""不要离开我！"它时不时地跟着你是可以的，但是，假如你不在身边，它就不能放松，那对它而言就不是件好事。在狗狗还没有学会适当地和你分开前，它们会产生焦虑感，为了应对这种焦虑感，它们会过度依恋你。而且，奇怪的是，这种过度依赖还来源于我们经常抚摸和检查它们。无意识地抚摸你的爱犬几个小时，或者在你工作时让它给你暖脚，会让它以为，假如它不在你身边，你就没法生活。

倚靠在你身上

被救助的狗狗通常对新的人类家庭还无法产生安全可靠的感觉，它们会通过身体的倚靠来表明这一点。这些狗狗在被遗弃或被重新安置时常常经历悲痛和创伤，所以它们会像胶水一样粘在新朋友、有爱心的人身上。只要有机会，就会倚靠在家庭成员身上以寻求抚慰，这是狗狗避免再次陷入孤独处境的"保险策略"。

我该怎么做？

当下：

- 尽量不要通过不断地与狗狗交谈、抚摸或表扬加剧狗狗的焦虑行为模式。

- 有时请关上门，不要理会狗狗。整天接触狗狗，会让它无法学习冲动控制、挫折容忍和独立（见第88—89页）。

长期来看：

- 每天带你的爱犬去它自己的床上两到三次，给予它大大的奖励，比如咀嚼物、食物玩具或晚餐。

- 通过零食教会狗狗"坐下"和"等待"，以此增加狗狗的独处时间；你能让狗狗在你上下楼或走出房间时不跟着你吗？

- 培养习惯，帮助狗狗学会在你外出或在家里的其他地方时享受独处时光和感到放松（见第178—179页）。

有何作用？

对狗狗来说，跟随着饲主是
确保你们两个都不会孤独和脆
弱的唯一方法——当然，也
会确保不挨饿！

疲劳的眼睛，因过度
警觉而缺乏睡眠

耳朵处于
警惕状态，关
注着你的下一
个举动

靠在腿上
寻求舒适感，
并了解
你的下一步行动

我的狗狗不理我

我整天和狗狗待在一起，我负责喂食和遛狗。可是到了晚上，等其他人都回来后，它就完全不理我了，甚至都不愿意过来让我抱抱。

我的狗狗在想什么？

许多主人都会因为狗狗的这种行为而感到很受伤！可是，狗狗并非在表达它更喜欢家里的其他成员而不喜欢你。狗狗喜欢新奇的事物，所以当家里出现新面孔时，在一段时间内，这些新面孔对狗狗的吸引力会更强一些。狗狗也许并不知道你想让它来找你，或者它此刻没有这个心情，这都没关系。它可能只是没有理解你发出的"过来"指令。试着站在狗狗的角度去理解，不要把这当作针对你个人的行为。

眼睛在扫视能分散注意力的东西

转头表示"不，谢谢"

张开嘴，轻轻地喘息表示放松

> **"**
>
> 忙忙碌碌、不理狗狗，以及兴奋的语气都是吸引狗狗注意力的好办法。
>
> **"**

耳朵指向不同的方向，表明有产生冲突的可能

我该怎么做？

当下：

　　欲擒故纵！在你的家人身上花更多的时间，把你的爱和精力集中在他们身上。这样一来，你的狗狗就没有太多机会忽视你了。它很快就会对你周围发生的事感兴趣。

长期来看：

- 每天对狗狗进行两次简短的响片训练，在陪伴中建立"交流"。
- 进行一些召回训练，这样你的爱犬就能理解"过来"的提示。
- 你的爱犬需要整天和你黏在一起吗？可以考虑一天中给它一些时间，让它在另一个房间里待着，放松一下。毕竟分开一段时间再见面会让你们的感情变得更加深厚。
  - 让兽医检查狗狗的听力和视力，因为狗狗的感官会随着年龄的增长而退化，就像我们人类一样。

有何作用？

你的爱犬可能会因为其他人、气味或声音而分散注意力，它想让你冷静下来，或者它不确定你想要什么（见第22—23页）。

让狗狗休息一下

　　有些狗狗会以为它们整天都在照顾你（见第46—47页和第90—91页）。假如你有一只狗狗，它想做你的监护人或脚凳，那么在它辛苦工作一整天后，就需要适当的休息。一定要让你的家人理解这一点，在他们回家时，就让睡着的狗狗继续睡吧。在深度放松时受到干扰的狗狗会变得喜怒无常，甚至会失控（见第154—155页）。

我的狗狗啃咬我的东西

我家里每天都会发生新的"惨案"：无论我在家还是在工作，狗狗都会咬坏我的东西，而且总是只咬我的东西——现在我最喜欢的鞋子也变成了"吉米嚼"（*Jimmy Chew*）！我到底做了什么，才会落得如此下场？

我的狗狗在想什么？

你买一只狗狗是想减轻压力，而不是让你的购物账单增加三倍。但是，狗狗这种常被误解的行为只是出于爱而已。狗狗会被所爱之人气味中的信息素所吸引，而你的个人气味会黏附在你经常使用的物品上，比如你的鞋子、手机，甚至是电视遥控器。当狗狗感到孤独、沮丧或亢奋时，咀嚼这些东西是一种很好的减压方式：还有什么比找到你喜爱之人的东西，并好好啃咬一番更能让人平静下来的呢？

由于多巴胺的释放，呈现出眼神柔和的"快乐"表情

紧靠白齿和软腭的咀嚼获得最大的享受

真的吗？你吃了我的内裤？

有些狗狗更过分，会舔舐、啃咬，甚至吞食你的内裤。在我们看来，这种行为很恶心。可是对狗狗来说，你的内裤是它们能接触到的、带有你独特体味的美味"佳肴"。它们认为那很美味。别忘了，我们在谈论的是一种通过嗅闻对方屁股来打招呼的动物。

有何作用？

将咀嚼物压在后牙（臼齿）和软腭上，会产生大量缓解压力的激素多巴胺，既能舒缓情绪又能让狗狗上瘾。

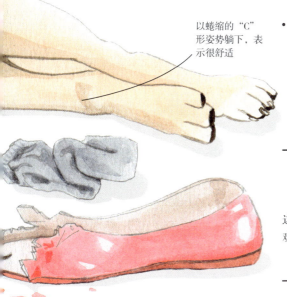

以蜷缩的"C"形姿势躺下，表示很舒适

我该怎么做？

当下：

- 不要去追逐或责骂你的爱犬；这样可能会让它们认为咀嚼也会带来有趣的游戏。更糟糕的是，狗狗可能会通过吞咽来"保护"咀嚼过的东西（见第140—141页）。
- 跟你的爱犬做一个公平的交换吧，它们叼着你给的咀嚼物或玩具而不是你的拖鞋时，你要表扬它们。

长期来看：

- 在你的爱犬或幼犬学会"放下"或"别碰"的指令之前，将重要的物品放在远离危险的地方。
- 会咬拖鞋的狗狗其实可以叼起拖鞋，所以要教会你的狗狗帮你拿拖鞋（见第166—167页）。
- 狗狗每天都需要咀嚼，所以要给它们橡胶玩具、天然磨牙棒和益智喂食器。幼犬在8到25周大之间长牙，咀嚼有助于缓解恒齿长出时的疼痛。尝试给它们咀嚼冷冻的胡萝卜，以缓解牙龈的疼痛。

假如你的爱犬只咀嚼你的东西，那就把这当成一种赞美——这意味着你是它们最喜欢的人。

生存指南

迎接客人

门铃、蜂鸣器和敲门声对狗狗来说只意味着一件事——陌生人很危险！狗狗可能会被吓到。无论是社交型的还是紧张型的狗狗，假如没有经过训练，都会对来访者穷追不舍。

1
积极主动的培训

为何要等客人来了才行动？当门口没有人的时候，用零食训练你的爱犬先到自己的床上去，坐在那里等待。然后看看你训练的效果：当你开门并对想象中的客人或送货员打招呼时，你的爱犬能否做到坐下等着？

2
要有安全意识

不要抱着你的爱犬去开门。相反，假如门铃响了或有人敲门，即使狗狗吠叫不止，你也要一边称赞它，一边把它安置在另一个房间或用婴儿护栏挡在后面，同时给它一个咀嚼玩具，以示有人在门口出现时会有好事发生，同时也能保证来客的安全。

3
教导礼貌

一旦你的爱犬平静下来，就要向它展示如何迎接你的客人——让狗狗通过坐下来这一行为打招呼，以换取一份奖励。假如你的爱犬很害羞或很紧张，那么就在你和客人所在的房间里准备一个放松垫，让狗狗坐在那里。

4
准备一个安全的地方

请给你的爱犬准备好一个安静的地方，比如一个板条箱或你的卧室。假如它受够了你的客人，就可以让它躲到那里去。我们都知道有些人待得太久就不受欢迎了！

5
提供替代品

给爱犬提供最喜欢的填充食物玩具或一块生骨头，从而分散它们的注意力，让它们尽快从迎接新朋友的兴奋中解脱出来。

我那神奇的狗狗和其他动物

狗狗与同伴、猫咪或任何其他动物的每一次互动都能让我们观察到它的性格、自信程度和忧虑程度。了解我们的爱犬与其他动物的关系，可以帮助它生活得更快乐。

我的狗狗骚扰我的猫咪

多年来，我一直是个快乐的猫咪主人。可是，我把狗狗带回家后，一切都变了。狗狗总是去骚扰猫咪，现在我很担心猫咪会离家出走！

有何作用?

你的狗狗想知道猫咪是敌是友，还是有趣的玩具！观察它们互动之前和之后的样子，读懂它们的肢体语言非常重要。

尾巴高高翘起是在说："我很紧张！"

温柔的喘息，至少比保持沉默更友好

呈现出鞠躬的姿势是在说："注意你的行为哦，猫咪！"

我的狗狗在想什么?

在一定程度上，这一行为取决于狗狗的性格。事实上，猫咪和狗狗一直都有矛盾。出于本能，狗狗喜欢蹦蹦跳跳，喜欢追逐奔跑的东西。而猫咪则有很强的领地意识。所以，你的爱犬可能会把你的猫咪视为猎物、玩伴、猫贼或是可能会伤害它的捕食者。不过，要保持乐观的心态。假如你慢慢地介绍它们互相认识，给它们各自的空间，并考虑到了它们独特的性格特征，它们是能够和谐相处的。

我该怎么做?

当下:

- 当你的狗看到猫咪时，要求它坐下并给它零食作为奖励，这样它就会明白，每当猫咪出现，就会发生有趣的事情。
- 不要因为狗狗去追赶猫咪而责骂它，因为这样反而可能会让它更兴奋，让事情变得更糟。假如狗狗过于兴奋，那就带它离开房间，让它平静下来。

长期来看:

- 给猫咪和狗狗提供单独的领地，并用婴儿门防止狗狗去追逐猫咪。给猫咪提供高处的空间，以便它们能够跑开。
- 猫咪和狗狗一样容易训练！它们在一起时，可以用食物让它们坐在各自的地盘上慢慢习惯共处一室。

"飞机状"的耳朵守护着个人空间

拱起的背部表示："往后退，我可是大块头！"

你的猫咪是不是很霸道?

自信的猫咪善于用强硬的姿态和快速击打脸部的方式给厚脸皮的小狗划定界限。可是，一只焦虑的猫咪表现出的激烈或惊恐的反应可能会引起狗狗追逐、撕咬和打架。猫咪也会戏弄和欺负狗狗，认为狗狗已经闯入了"它"的地盘。所以，你一定要耐心地赞美每只宠物，平等地分享你的爱以及你的腿上空间。

我的狗狗追逐
任何移动的东西

我的狗狗绝对是个好孩子，只是它喜欢追逐它觉得有趣的东西。最初，它追逐的对象是松鼠和猫咪，现在开始追逐慢跑者，甚至是骑自行车的孩子。它对我的召唤置之不理。

有何作用?

追逐是狗狗用以弄清楚新事物本质的一种生存本能。如果新事物的反应是逃跑，在狗狗看来，它要么是潜在的威胁，要么就是猎物。

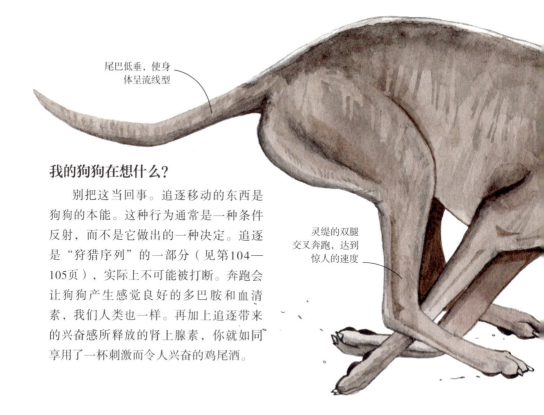

尾巴低垂，使身体呈流线型

灵缇的双腿交叉奔跑，达到惊人的速度

我的狗狗在想什么?

别把这当回事。追逐移动的东西是狗狗的本能。这种行为通常是一种条件反射，而不是它做出的一种决定。追逐是"狩猎序列"的一部分（见第104—105页），实际上不可能被打断。奔跑会让狗狗产生感觉良好的多巴胺和血清素，我们人类也一样。再加上追逐带来的兴奋感所释放的肾上腺素，你就如同享用了一杯刺激而令人兴奋的鸡尾酒。

超级视觉

狗狗对运动极为敏感，能够发现数百米外移动的物体。我们人类的可见视野为200度，而狗狗的可见视野是240度。因此，即使你在狗狗的正后方做开合跳运动，它也能看到你！长鼻子的狗狗有不同的深度感知能力，能比扁平脸的狗狗更好地看到远处的东西。

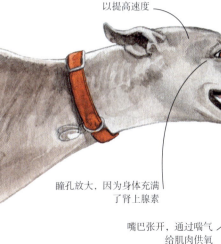

低下头呈流线型，以提高速度

瞳孔放大，因为身体充满了肾上腺素

嘴巴张开，通过喘气给肌肉供氧

我该怎么做？

要积极主动！在它幼犬时期就围绕着毛茸茸的小动物、小孩和球类展开训练，给予奖励。带狗狗参加训练班，并练习"看着我""等一等""拿"（玩具）和"放下"的指令。

在户外进行训练时，为安全起见，给你的爱犬系上一条10米长的训练牵引绳。

- 呼唤你的狗狗，假如它有回应，就给予奖励。
- 慢慢靠近它。假如狗狗停下来盯着某件物品挪不开步子，不妨扔给它一点零食打断它。假如它不吃，那就拉开距离，重新开始训练。
- 让狗狗四处看看。表扬它，等待它……假如它回头看你，你最好用食物或玩具奖励它。
- 要好好利用狗狗的本能进行训练。不要让它追逐自行车和慢跑者，要教它追逐玩具或你自己。

> **"**
>
> 正在享受追逐刺激的狗狗几乎不可能被叫回来，所以，训练必须瞄准它开始奔跑之前的时刻。
>
> **"**

高级观狗指南

狩猎序列

追逐只是狗狗的"狩猎序列"行为之一。尽管大多数狗狗都会经历每个阶段，但有些狗狗已经被培育成专门从事某一个特定领域的专家（见第14—15页）。熟悉这个序列是了解你的爱犬独特品种特征的一个好方法。你可以在1—3阶段训练像"等着"和"看着我"这样的指示。

2 眼神/锁住

假如狗狗发现了某样东西，它的眼神就会变成冰冷的凝视。它们一动不动、屏住呼吸、身体前倾、耳朵朝前、尾巴高高翘起、肾上腺素激增，这是做决定时的表现。这是守卫型犬种特有的行为，它们判断眼前出现的究竟是晚餐还是不速之客。当你的爱犬盯着另一只被牵着走的狗狗时，你也可能看到它在行动。

代表性品种：德国牧羊犬

1 积极主动的培训

所有的狗狗都会四处张望，嗅着空气，轻轻地喘息，或者"浏览橱窗"。

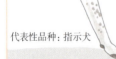

3 瞄准/跟踪

偷袭时间到了。缓慢移动、背部挺直、悄无声息地潜行，抬起爪子以避免踩断树枝而惊动目标。狗狗还会无声地向伙伴们发出信号：狩猎开始了。跟踪是超级聪明的牧羊犬的标志性动作，而指示犬群则以它们的专业天赋而得名。

代表性品种：指示犬

4 追逐

我们出发了！是时候全速追击了，要争分夺秒。猎犬敏锐的眼神紧盯着猎物的每一次扭动和转动，预判它的下一步行动，并在必要时抄近路。狗很狡猾，一对猎犬很快就会学会一起追踪猎物。所有的猎犬在追逐时都特别兴奋。

代表性品种：萨路基猎犬

5 撕咬

敢咬的就去咬吧！狗狗必须小心地选择最安全的地方咬住猎物，使其动弹不得。并非所有的狗都倾向撕咬猎物，但许多品种会以不同的方式利用这项技能：藏獒强壮的下颌非常适合咬住猎物；腊肠犬会咬上好几小口，咬伤猎物的脚踝；有些猎犬会情不自禁地叼着拖鞋这类"猎物"来迎接你（见第84—85页）。

代表性品种：腊肠犬

6 杀死

游戏结束了。犬基因库的专门品种会通过长时间挤压猎物的脖子使其窒息，或者通过快速摇晃扭断猎物的脖子，使猎物尽可能免受痛苦，并在短时间内将猎物送上餐桌。当你的爱犬抓住某些玩具时，你可以看到这种行为：所有吱吱乱叫的猎物都得死（见第166—167页）！

代表性品种：凯恩梗

我的狗狗把其他动物当作家具

看到我的大狗狗把小狗狗当成椅子时，我忍不住笑了起来。前一分钟它们还在一起玩耍，后一分钟它就坐在了小狗狗的身上。它对我们家顽皮的小猫也会这样。

我的狗狗在想什么？

你的狗狗并不是在捣乱；它是在表达："嘘！别闹了，你让我头痛。"狗狗会坐在同伴、猫咪，甚至是那些真正给它们带来压力的孩子身上——也许是孩子们太吵闹了，或者是缠着要和它们玩耍。坐在另一只狗狗身上比诉诸武力要好得多，因为这会让局面平静下来。如果有什么东西让它们感到害怕，紧张的狗狗也会坐在人类和同伴的肩膀上，寻求安慰和控制感。

我该怎么做？

当下：

- 尽量不要笑，因为这会鼓励"坐者"，并让"被坐者"感到悲伤。最好不要让事情发展到这个地步。
- 呼吁双方到各自的生活区，鼓励它们放松，享受自己的空间。让它们寻找你先前放在那里的零食，帮助它们学会走开。

长期来看：

- 管理好你的爱犬，不要让它坐在其他动物身上。如果有一方开始过度兴奋，可以给它们提供一些其他的娱乐活动，以免把狗狗逼到采取臀部对脸的惩戒措施的地步。保持警惕也能防止挫折感的产生，同时不要让被坐的一方以攻击性的方式进行反抗。
- 在家里为游戏和其他互动设定明确的界限，并且确保宠物获得适当放松，给它们一定的锻炼和营养。

坐在其他动物身上是你的爱犬直接拒绝对方的某种方式。这不是我们应该模仿的肢体语言！

寻求安慰

大多数狗狗喜欢睡在一起，相互依偎取暖是它们的天性，因为它们原本就出生在大家庭里。一只刚出生的幼犬或被救助的幼犬通常会坐在或躺在你的第一只狗狗身上，以重新获得舒适感。假如你的第一只狗狗一直在躲闪，而对方又一直穷追不舍，那么你要赶紧在怨恨滋生之前阻止它们。通过训练和耐心，帮助有需求的狗狗建立起足够的自信，独立睡觉。

牙关紧咬、耳朵朝后竖起表示"我不服气！"

坐在另一只狗狗身上表示："我们结束了。现在冷静下来吧！"

坐着面向远方是平静下来的信号，表示"不"和"放松"

有何作用?

狗狗这种表示"游戏结束"的肢体语言是在极端情况下作为暂停信号使用的，这样可以在不采取攻击的情况下强行达到较为平静的状态。

低头躺着表示："我放弃了！"

生存指南
在公园里

去公园遛狗可以让你的爱犬舒展筋骨、检验你的训练成果，并与朋友和家人进行社交活动。下面这些绝佳建议将确保你和爱犬每次都能从中享受到乐趣。

1
带上奖励

公园的环境十分有趣但又极易分散注意力，充斥着不同的声音、气味和大大小小的生物。带上玩具和零食，这样你就可以将狗狗的注意力集中到你身上，尤其是在没有给它拴牵引绳的时候。同时，也要准备好拾便袋！

2
给你的爱犬一些空间

秋千或咖啡馆可能是你最喜欢的地方，不过，你的爱犬可能更青睐树篱、树林以及小便四溢的草丛。给它足够的时间去四处嗅嗅。确保你俩都能在公园里享受到各自最喜欢的东西。

3
努力召唤

附近的公园是狗狗进行社交和训练的好地方。你第一次带着狗狗去的时候，很重要的一点是，要使用较为松弛的牵引绳或者较长的训练绳。这样一来，在遇到儿童和其他狗狗，以及像汽车、骑行者和池塘等情况时可以及时将它召回。请注意，你的爱犬如果还套着牵引绳，那么遇到没有套着牵引绳的同伴时可能会感到自己处于弱势，因为它的活动受到限制。给它一定的空间或松开牵引绳，让它可以轻松地"聊天"。

4
教导礼仪

用零食训练你的爱犬，让它先征得你的同意，再奔向同伴打招呼或玩耍。有些狗狗，不管是否套着牵引绳，如果在没有给出警示或允许的情况下接近它们，它们会变得暴躁或具有攻击性。

我的狗狗讨厌其他狗狗

我带狗狗去参加训练班，让它与朋友的狗狗进行社交，并且在它六个月大时给它做了绝育手术，为什么它仍然讨厌其他狗狗呢？它要么避开它们，要么就冲它们咆哮或撕咬。

有何作用？

检查一下你的爱犬从这种行为中获得了什么（见第22—23页）。也许你会带着它一起离开，或者不再给其他狗狗喂食？

我的狗狗在想什么？

社交场所之于狗狗就像操场之于你一样令人畏惧。狗狗也会有性格冲突，有些天生害羞。假如你的爱犬避开或表现出对其他狗狗的攻击性，它可能是出于恐惧，想保护自己的私有空间、物品或你本人。这可能是因为它以前在垃圾堆、训练班或日间看护中心的经历对它来说既不安全也不愉快。久而久之，这只社交紧张的狗如果向其他狗发出的不那么具有攻击性的信号被忽视，它就会咆哮、怒喝，甚至咬人（见第150—151页）。

我该怎么做？

当下：

每当你的狗狗看到另一只狗狗时，你就表扬它并给它零食，然后转身走开。这样它就会知道，看到其他狗狗是好事，它并不需要通过攻击行为为自己赢得一席之地。

长期来看：

- 在使用积极训练技术的合格的行为学专家的帮助下，安排一只性格温和的狗与你的狗一起散步。狗狗之间要保持平行和合理的距离，这样你的爱犬就可以把注

在社交场合给予你的爱犬一些安全空间，这样它就可以在不使用攻击行为的情况下躲开。

年轻或贪玩的狗狗可能会让人招架不住

意力集中在你身上，还能吃到零食。然后，可以逐渐缩短狗狗之间的距离，并加入一些轻松的问候。

- 要让你的爱犬与性格沉稳的成年狗狗交往，这类狗狗会表现出安抚行为，如嗅闻一下、走开、温和地玩耍。不要和那些可能会与你的爱犬产生对抗的、喜欢跳跃的活泼狗狗交往。
- 如果没有必要，可以不带狗狗出去玩。有些狗狗喜欢没有其他狗伙伴的生活。

反社会的经历

各种管理不善的群体环境都会给狗狗带来持久的创伤。例如，在与养狗的朋友交往时，没有控制好狗狗之间过度喧闹的游戏；将狗狗留在嘈杂的寄宿犬舍中；在有恃强凌弱的狗狗的公园里消磨时间；甚至让狗狗与另一只会悄悄霸凌的狗狗生活在一起，而我们却毫不知情。这一切都会使一只原本友善的狗狗对其他狗狗产生攻击性。

"飞机状"的耳朵守护个人空间

露出牙齿表示："我是认真的，赶紧退后！"

四面八方都有狗狗的情况会引发攻击

其他狗狗讨厌我的狗狗

无论我怎么努力，当我把狗狗介绍给其他狗狗时，它们都会拒绝它。我们遇到过咆哮、怒喝，甚至是全方位的攻击。为什么其他狗狗都这么讨厌我的狗狗呢？

我的狗狗在想什么？

你的狗狗可能和你一样，很困惑为什么别的狗狗都要避开它。它也许天生害羞，因而可能会受到一些狗狗的欺负。狗狗可以嗅到压力激素皮质醇的气味，这可能会导致看上去无缘无故的攻击和打架。又或者，它之所以受到排斥，是因为它靠近其他狗狗的速度太快，又太过顽皮，或是对它们的主人粗鲁。你需要练习识别肢体语言，包括其他狗狗的姿势和尾巴的位置，这样才能真正理解你的爱犬在想什么，从而帮助它放松和友好地"握手"（见第114—115页）。

反复受到攻击的狗狗很可能学会了防御性攻击行为，需要由不使用暴力技术的合格的行为学家提供专业支持。

露出眼白表示恐惧，或是在守护空间

耳朵向后，做出退缩的姿势

遮住牙齿表示："我没有恶意"

失去平衡的姿势：十分震惊，不确定该转向哪里

我该怎么做?

当下:

将你的爱犬带离这类环境。假如它已经与另一只狗狗发生了争执,它们就不可能再做朋友了。要是让狗狗们自己解决的话,你的爱犬以后要么学会欺负,要么被欺负。

长期来看:

- 在没有其他狗狗的情况下,教你的狗狗学会松绳行走(见第170—171页)和"看着我"。然后在走近其他狗狗之前,先在远处进行观察练习。这样一来,你的爱犬就不会冲向其他狗狗或盯着人家看。

- 通过投掷奖励的方式跟狗狗玩"嗅探"游戏,教会狗狗嗅闻,以帮助它放松,并向其他狗狗展示它的冷静和控制力。

- 当其他狗狗在附近时,你要表现得超级有趣!让你的爱犬和你一起玩拔河或取物游戏,让它把注意力集中在你身上,这样会让它放松下来。

- 拍摄下你的爱犬与其他狗狗的互动情况,有助于观察它们微妙的肢体语言。

龇牙咧嘴表示:"该死的,不!"

牵着的狗狗可能会觉得受困,因而提高它们的反应能力

肾上腺素升高,尾巴高高翘起,充满警惕

身体前倾、耳朵竖起表示:"我是认真的!"

嗅到了麻烦吗?

尽管我们已经知道,狗狗的气味标记是一种复杂的"交流方式",而非简单的领地涂鸦,但我们仍然对它们的气味世界知之甚少(见第12—13页)。有一种理论认为,狗狗们在真正面对面打斗之前很久就已经在气味的世界中多次相遇过,并在"尿尿论坛"上进行过反复争论。

高级观狗指南

狗狗握手

就像我们的祖先通过握手证明他们没有携带武器一样，狗狗在相遇时也会向对方展示善意的姿态。狗狗的武器长在它的嘴里，所以，在让新朋友接近它脆弱的腹部或要害部位之前，信任对方显得至关重要！有些问候方式并不可取（见第116—119页），以下呈现的是狗狗"握手"的理想方式。

1 脸部嗅探

第一次约会和面试既让人害怕又令人兴奋。对狗狗来说，这样的相遇同样令它感到害怕。脸部嗅探可以让双方检查出对方的眼睛、脸部、嘴巴中透露出的平静和自信，抑或是紧张等细微的迹象，然后才允许进行全面的身体检查。同时，它们还可以从嘴唇上的唾液腺中获得宝贵的气味信息。你可能会看到一些轻柔的舔嘴动作，这是狗狗的一种安抚姿态，表示友好。

2 转头

假如狗狗的眼神柔和，身体放松，做出微妙的转头动作，这是它发出"继续"的信号，允许另一只狗狗嗅闻它身体的其他部位。有些狗狗会先花点时间嗅闻一下对方耳朵附近的耳腺。

3 嗅探泌尿生殖器

通过嗅闻对方的下腹部和腹部，每只狗狗都会从对方的泌尿生殖系统收集到信息素（第12—13页）。被嗅探的狗狗可能会抬起腿，以便让对方更好地进行接触。舔舐这个区域也是正常的——即使这种行为对我们人类来说十分难堪。假如狗狗走开了，而对方还要试图继续，最好把它们分开。

4 闻屁屁，转圈圈

这是狗狗之间一次友好握手的结束信号，又或者是一场精彩游戏的开始。狗狗通过嗅探，从肛门腺中收集到对方的年龄、性别、生殖状况、健康状态、压力水平等信息。要是两只狗狗都俯身去嗅探对方，那么它们最终可能会绕圈圈。假如狗狗是套着牵引绳的，那你就要跟着它们；纠缠在一起可能会意外地引发攻击行为。

当我的狗狗遇到同类时……

我真的不知道接下来会发生什么。我见过它吠叫、打滚，甚至还见过它气势汹汹地冲上前去，就像它是"老大"一样。不知道它能否交到朋友？

我的狗狗在想什么？

视情况而定。狗狗的每一次见面都是独一无二的，会受到双方的年龄、性别、品种、性格和之前经历的影响。当你的狗狗首次遇到另一只狗狗时，它可能会鞠躬（见第80—81页）或尝试下面展示的任一"打招呼"的方式——或者其他方式。每个动作都是一次"试探"，看对方接下来会做什么；狗狗之间的交流是灵活的，随着姿势、动机和情绪的变化而不断变化。你的爱犬起初可能会顺从地打滚，然而，假如对方的反应太过激烈，那么它会立即切换战术，对着空中怒喝。

"打招呼"后……该怎么办

一旦它们靠近，社交对狗狗来说就变得像对我们人类一样复杂。它们需要反复体验才能学会如何礼貌地"握手"（见第114—115页）。与此同时，一种特定的问候方式可能会让你的爱犬感到更安全或更有掌控力。在下面展示的行为中，你会看到像爬跨（第62—63页）或其他不礼貌的行为。

友好地对待"轻浮"行为

低着头，扭动身体，轻轻地晃动，会让你的狗狗得到最好的交友机会，因为这些动作没有威胁性，很放松。不过，假如它太过顺从，甚至翻身躺倒来打招呼，这种"轻浮"的玩耍方式很容易惹恼其他狗狗。

我该怎么做？

要相信一只友好的、爱摇摆的狗狗可以应付大多数情况，不过当其他狗狗在场时，要练习召回你的爱犬，以防它友好地入侵其他狗狗的空间（见对面）。假如它有点"轻浮"，可以尝试让它与稳重的年长狗狗交往，并进行大量的召回练习。

低垂的尾巴左右摇摆

眯着眼睛，卷曲的"快乐"耳朵表示："我很友好"

低着头，张着嘴，表示很放松

友好地晃动

吠叫

交朋友不一定要大喊大叫；假如你的爱犬经常在接近其他狗狗时吠叫，它可能是在说"喂！"或"退后！"因为它感觉到了威胁或不确定性。

我该怎么做?

每当你的爱犬在远处看到其他狗狗时，你都要对它进行表扬，并奖励它零食，有时也可以改变你们行进的方向。让它知道，它不必每次都打招呼。练习慢慢靠近其他狗狗，同时给它喂点吃的，然后再走开。

潜行

大多数狗狗都会在离对方相当远的地方停下来，然后分阶段靠近，以收集气味信息并评估友好程度。不过，有些狗狗会低身潜行，然后以伏击的方式向前奔跑。这是牧羊犬等犬种的一个特征，但在其他品种的狗狗身上出现则是焦虑的标志。

有何作用?

归根结底，每一次狗狗的聚会都是建立社区的一次尝试。如同我们一样，狗狗只是想要安全、避免冲突、结交朋友，并寻找伴侣。

我该怎么做?

从侧面接近狗狗，而不是从正面接近，以缓解狗狗的紧张情绪。练习召回狗狗，假如它回头看你，要给予奖励。

空间入侵

没有学会打招呼的狗狗可能会毫无征兆地向其他狗狗扑去，以恐吓它们玩耍；这种"问候"会让神经紧张的狗狗极度不安。或者，假如你的爱犬挺起胸膛或大摇大摆地走，它可能是在虚张声势。它可能会继续将脖子靠在其他狗狗身上或将爪子放在它们身上，以增加身体高度。

我该怎么做?

让喜欢侵入空间的狗狗与年长的狗狗交往，这样可以减缓它们的步伐，并帮助它们学会礼貌。假如有另一只狗狗冲向你的爱犬，可以冷静地走开，或告诉对方主人你的爱犬不想玩耍。与其他狗狗并排行走，可以让喜欢追求高度的狗狗学会以更轻松的方式结交新朋友，比如嗅探和转头。

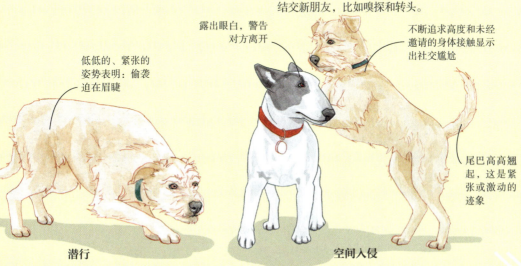

露出眼白，警告对方离开

低低的、紧张的姿势表明：偷袭迫在眉睫

不断追求高度和未经邀请的身体接触显示出社交尴尬

尾巴高高翘起，这是紧张或激动的迹象

潜行

空间入侵

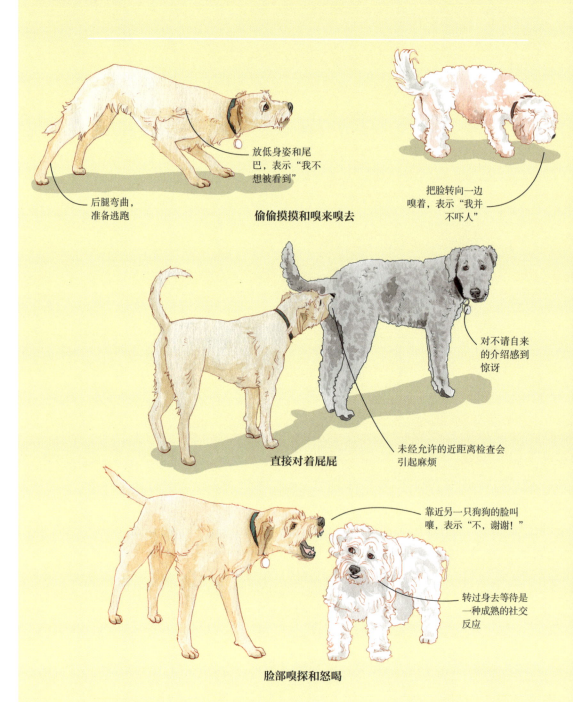

放低身姿和尾巴，表示"我不想被看到"

偷偷摸摸和嗅来嗅去

后腿弯曲，准备逃跑

把脸转向一边嗅着，表示"我并不吓人"

对不请自来的介绍感到惊讶

直接对着屁屁

未经允许的近距离检查会引起麻烦

靠近另一只狗狗的脸叫嚷，表示"不，谢谢！"

转过身去等待是一种成熟的社交反应

脸部嗅探和怒喝

偷偷摸摸和嗅来嗅去

焦虑的狗狗通常想去嗅一嗅别的狗狗，而不想被别的狗狗嗅探。你的爱犬会四处转圈、坐下或者后退，以保护自己的屁股，然后，趁其他狗狗不注意时，跑上去嗅一下对方的屁股。

我该怎么做？

放松或解开牵引绳，如果需要的话，给你那偷偷摸摸的嗅探犬以足够的空间，让它去接近其他狗狗，冷静地保护它不与喜欢入侵空间的狗狗发生冲突。随着时间的推移，它会获得自信，并拥有一个稳定、冷静的社交群体。

直接对着屁屁

在没有事先征得对方同意的情况下，就直接靠近对方的屁股是一种粗鲁的交谈方式！你那爱出风头的屁股嗅探者还不知道这一点，但它肯定会因为缺乏社交礼仪而遭到其他狗狗的斥责。

我该怎么做？

当你那厚脸皮的狗狗注意到远处有其他狗狗时，你可以通过表扬来帮助它放松。等你们靠近对方后，你要扔下食物，教它平静地用鼻子嗅一下地面，并且在与对方打招呼前要和它并排行走。

脸部嗅探和怒喝

脸部嗅探是狗狗之间进行理想握手的第一步（第114—115页）。但有时，一只狗可能会长时间盯着另一只狗狗，眼神强烈，嘴唇上翘，甚至会怒喝以示警告（见第154—155页）。这种情况经常发生在两只套着牵引绳的狗狗互相打招呼的时候，这就意味着今天它们无法相互嗅探屁股了！

我该怎么做？

要避免与其他同样被牵着的狗狗打招呼。每当你的爱犬看到其他狗狗时，要给它喂点吃的，让它知道这是件好事，并练习召回。假如对方对着空中嚷嚷，那么就带着你的爱犬离开，让它重新获得空间，并且让它知道，你能保护它，这将帮助它平静下来。在你们遇到另外一只狗狗时，要松开你的牵引绳，因为绳子太紧会让狗狗产生攻击行为（见第170—171页）。

无视

你的爱犬可能会假装另一只狗狗不存在，甚至在看到它们后走开。"无视"或漠不关心的狗狗要么是自信而冷漠的成年狗狗，要么就是患有严重社交焦虑、迫切希望避免相遇的狗狗；观察爱犬的肢体语言，寻找线索。

我该怎么做？

为了建立积极的联想，在你们发现远处有另一只狗狗时，给你的爱犬吃点零食。并且在它想离开时，和它一起走开。

抬头观察喜欢入侵空间的狗狗

嗅探让它看起来很忙

无视

并非所有的狗狗都需要狗伙伴才会快乐。不过，假如一只狗狗能礼貌地问候其他狗狗，那会让整个社区变得快乐。

高级观狗指南

什么是公平游戏？

想一起玩吗？即使是成年犬，许多犬种也会像小狗一样玩耍，看着十分可爱。玩耍不仅是一种乐趣，也有其他功能；狗狗用它来练习调情、打架、狩猎，或者只是通过交换气味来交朋友。真正的玩耍应该对两只狗狗来说都是有趣的，所以，当你发现以下这些迹象时，就知道游戏要开始了（如果游戏不再有趣，就会出现一些危险信号，请见第122—123页）。

玩耍式鞠躬

每一场精彩的比赛都是以邀请开始的。一个公平的狗狗玩家会通过伏地鞠躬邀请对方玩游戏，假如对方接受，会以鞠躬回敬。

不会紧盯着看

在玩耍时，狗狗通常会避免正面冲突。它们会并排贴在一起或者呈T字形。

装模作样

精彩的游戏会放大柔软和弹跳的动作，还会伴有大量的声音。这一切都是在告诉另一只狗狗："我只是在玩！"它看起来应该像卡波耶拉（Capoeira）——一种模仿搭档动作的技击艺术，假装啃咬，却很少有真正的身体接触。

暂停

  精彩的游戏可能会有肢体冲突，但公平的狗狗玩家为了让玩伴开心，会允许游戏暂停，以保持玩伴的快乐。一只狗狗可能会通过坐下、躺下或走开去嗅一嗅等动作要求暂停。

自我设限

  在公平游戏中，狗狗会"自我设限"以建立与游戏伙伴的信任——就像父母让蹒跚学步的孩子"赢了"一样。假如狗狗翻滚或倒下，是邀请正在休息的玩伴回到游戏中，这一动作对过度兴奋的狗狗也会有所帮助。

抖动

  在游戏过程中和游戏结束后，狗狗都会抖动全身，这表明它们正在控制兴奋并保持放松。"抖动"就像深呼一口气。狗狗用这个动作告诉我们，它们已经放下了刚刚发生的一切。

换位

  游戏是一种对话，而不是独白，必须双方平等才能从中得到享受。狗狗们应该互换角色。这样一来，追逐者变成了被追逐者，在上面的狗狗换到了下面。

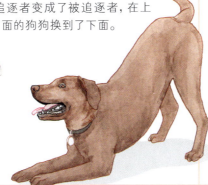

公平合理

  如果你不确定游戏是否公平，就把狗狗们分开20秒，让它们做些别的事情，比如用零食逗它们玩"找东西"游戏。假如一只狗狗趁机走开，说明它们需要休息一下。好棒的观狗活动！

高级观狗指南

什么是不公平游戏?

红牌! 就像学校的操场上需要有一双成人的眼睛盯着孩子们, 确保孩子们不会变得野蛮一样, 狗狗玩耍时也需要裁判, 否则它们很快就会状况百出。一旦你看到狗狗不征求同意或做出不尊重个人空间的举动时, 请冷静地打断它们, 并让它们休息一下。

用牙齿钉住

公平游戏有假咬的动作, 几乎没有任何肢体接触 (见第120—121页)。不过有些狗狗喜欢追逐, 并将其他狗狗摁住, 还可能狠狠地咬对方的腿、脖子和耳朵。这些"鲨鱼"狗狗往往处于青少年时期; 它们耐心的玩伴被当作出气筒, 教会了它们使用牙齿也没问题。不过, 假如每只狗狗都露出牙齿, 那么这个"游戏"就变味了。

请你担任裁判! 保护被摁住或被咬的狗狗, 并提供更有序的玩耍方式, 最好使用玩具, 以免淘气的小狗成为真正的暴徒。

抓不到我!

玩公平追逐游戏的狗狗应该互换角色, 所以单方面的追逐是一个危险信号。具有丰富社交经验的狗狗有时会把奔跑作为一种策略, 让那些在它们看来太过强壮或有点粗鲁的玩伴疲惫不堪。

请你担任裁判! 假如比赛没有自然停止的话, 那就抓住或引开追赶者——否则, 被追逐的狗狗可能会惊慌失措地逃跑。

"拥抱"

"看，它们在拥抱！"不是的，狗狗们可不是在拥抱。面对面地站立和打斗相当于狗狗的拇指摔跤，只会升级为不愉快的事件。这种"游戏"一开始只是为了确定谁是最高的。如果不加以控制，那些不善社交的狗狗会因此学会享受霸凌，或期望与遇到的每只狗狗搏斗，这会让它们变得焦虑或具有攻击性。

请你担任裁判！用松散的牵引绳遛狗，这样它们可以通过"镜像"交朋友。

谁最厉害？

精彩的比赛会持续5—10分钟，当其中一只狗狗走开去嗅闻或躺下，比赛就会自然停止。想要玩一整天的狗狗可不是在玩耍，它们是在打架。当一只狗狗停止或"赢得"了一场游戏比赛时，另一只沮丧的狗狗就想要重新开始。

请你担任裁判！通过向狗狗们提供其他游戏，比如玩具拔河或者用食物训练嗅觉的"找到它"游戏，来帮助它们实现三局两胜。

围攻

尽管狗狗们在更大的群体中可以玩得很开心，但有时它们也会拉帮结派。与伙伴们联手，通过将另一只狗狗逼到角落或将它"团团围住"来掌控它的空间，这样既不好玩也不友好。

请你担任裁判！平静地走到狗狗之间，分散它们的注意力，帮助被围困的狗狗逃到安全地带。

我的狗狗在动物粪便中打滚
——甚至更糟糕!

为什么"动物香水"是我的狗狗最喜欢的香水?不管是狐狸的粪便,还是死獾,还有其他更糟的——它都会找到并在上面打滚!

我的狗狗在想什么?

人人都喜欢收拾打扮,对通过鼻子"看"世界的狗狗来说,在恶心的东西上打滚就等于穿上了动物的服装。作为一种古老而自然的狩猎本能,在粪便或动物尸体上打滚能让狗狗闻到猎物的气味,帮助它混入并悄悄接近正在跟踪的猎物。这样做也会留下狗狗自己的气味,如此一来,后面来的狗狗就会意识到它已经看到并认领了这个恶心的"宝藏"。

气味的故事

在令人作呕的东西中打滚也可以起到讲故事的辅助作用。与蜜蜂通过摇摆来告诉蜂巢里的伙伴它们找到了蜂蜜不同,狗狗不会通过富有表现力的舞蹈讲述自己的狩猎之旅。相反,它们会用自己的身体收集一路的痕迹,然后带回家,这样其他同伴就可以通过气味"读懂"它们的狩猎故事了。

我该怎么做?

当下:

幸运的是,狗狗会热情地跑开,长时间地嗅一嗅目标"香水",以此来提示我们它们要打滚了。当发现你的爱犬兴奋地蹦蹦跳跳时,使用"别碰"和"过来"的口令有助于遏制这种肮脏的习惯。

长期来看:

- 不要一直用对我们来说很好闻的香波给你的爱犬洗澡。这些香味简直让狗狗那超级敏感的鼻子不堪重负,可能会刺激它去猎取更适合狗狗的"毛发产品"。
- 为喜欢狩猎的狗狗创造其他选择,比如用狗狗调情杆(上面有绳子和玩具)引导它与你玩游戏。你还可以给它报名嗅觉训练或追踪训练班,让狗狗灵敏的鼻子派上用场。

有何作用?

打滚为狗狗披上了伪装，并留下气味印记，以便让其他狗狗发现它们的狩猎行动。

颈部和肩部的气味腺在"宝藏"上摩擦

> 在便便和残余物中打滚是狗狗的本能行为，几乎不可能制止——即使之后不得不给它洗澡!
>
> "

爪子支撑着，准备翻身

张开嘴，充分享受浓郁的味道

125

我的狗狗冲着邮递员吠叫

我的狗狗讨厌快递员！它每天都在等待送货上门，然后冲到门口保卫自己的地盘。曾经我觉得这种行为很有趣，直到后来它撕碎了一封非常重要的信件。

我的狗狗在想什么？

为何狗狗会有这种行为？那是因为快递员从来不进家门。朋友会被邀请到家里，所以狗狗很容易分辨，而送货员似乎无异于企图入室盗窃之人。从狗狗的角度来看，每天都有同一个不认识的、鬼鬼祟祟的人靠近主人的"巢穴"，并试图进入。他之所以在失败后离开，那是因为自己不停地吠叫和攻击——但他在逃走之前，会扔下一枚"炸弹"，任何尽责的看门犬看到后都会立即将其销毁。撕毁信件令人沮丧，但是，攻击快递员可能会导致你的宠物被关进狗狗监狱，所以，是时候让它接受训练了。

> ❝
> 你的爱犬会自然而然地怀疑任何接近和离开前门的人或物。
> ❞

狗狗邮递员训练

这似乎是不可能的，但是，可以通过基于食物的训练来培训那些曾破坏信件的狗狗。首先要教会你的爱犬取回玩具（见第166—167页）。然后，用旧信封教狗狗学会"拿起"和"带回"。最后，将信封推入信箱，让狗狗轻轻取出并交给你。这样你就有了一个很棒的狗狗邮递员！

竖起毛发，让自己看起来很庞大，以吓唬"攻击者"

头部抬高，颈部拱起

尾巴高高翘起，为"战斗"呐喊

吠叫、咆哮或喘气

我该怎么做?

当下:

- 当快递员到达时,用"谢谢你!"来称赞你的爱犬,把它叫到床边,让它吃点东西。改变狗狗的行为模式对抑制它的热情至关重要。

- 不要因为快递员到来时狗狗做出了疯狂行为而责备它,否则它会把所有快递员和送货员视为你压力的来源,这会让它更讨厌他们。

长期来看:

- 使用户外邮箱或在入户门内摆放笼子来保护你的信件和快递员,以防信件被撕碎或手指被咬伤。

- 在你走到前门或后门迎接假想客人或接收假想信件时,教会你的爱犬坐在它的床上等待。每一位客人到来时都让它遵守这一规则,将有助于你的爱犬在真正关键的时刻表现良好。

有何作用?

对狗狗来说,保护你的家免受威胁是一项勇敢的工作,撕碎信件是一种令人满意的平静行为,可以帮助你的爱犬在"战斗"后放松。

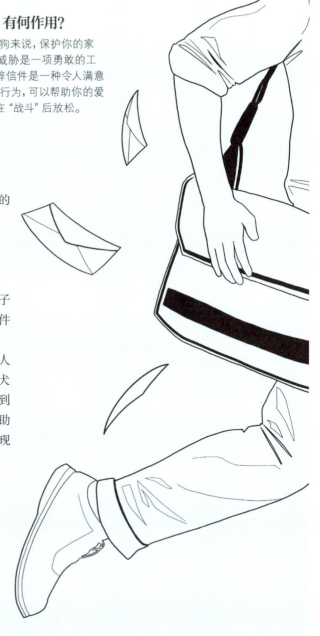

127

我的狗狗会把所有的公犬带到院子里

我的狗狗以前也有过发情的经历，但从来没有让公犬靠近过它。现在，每当有公犬接近我们的栅栏，或者我们在公园里遇到公犬时，它就会跳起电臀舞！

我的狗狗在想什么？

诊断结果只有一个：你的爱犬是个性感尤物。未交配的母犬从六个月左右开始一年"发情"两次，每次持续两到四周，具体时长取决于品种。一只年轻的母犬通常会拒绝一个咄咄逼人的"罗密欧"的追求，因为后者没有先用轻咬脖子和玩耍的方式来求爱。然而，随着时间的推移，到了母犬处于生育高峰期时，它会变得和附近的公犬一样自信。所以，假如你看到它露出屁股，赶紧带它离开危险区域！

公犬在数千米外就能闻到发情的母犬的气味，只要被它找到交配的机会，就很难召唤回来。

我该怎么做？

用牵引绳牵着你的爱犬散步，并注意散步的地点。公犬会发现它并尾随数千米，所以要选择一个安全的地方锻炼它几周。

在你的爱犬身上发现血迹时，让它远离地毯和室内装饰品。但一定要给它一个舒适的空间，给它吃点狗狗冰激凌，看看"浪漫喜剧"。

假如你家里还有一只没有绝育的公犬，并且你不打算养小狗，那么一旦发现母犬有发情的迹象，就要立即将它们分开。

管理发情的母犬会比较复杂。所以，一旦狗狗发育完全成熟，在它18—24个月大时，你就要考虑给它做绝育手术了。

尾巴朝向一侧，
为交配留下空间

柔和的眼神和
轻柔的喘息表
示放松

肿胀的外阴，
准备交配

耳朵微微向
后，细听着
身后发生的
一切

血斑表明子宫
已准备就绪

有何作用？

性感的狗狗将尾巴甩向一
边，是在用最简单的方式告
诉公犬："嗨，帅哥！我已经
成熟了，可以交配了！"

狗狗处于发情期的迹象

与人类不同，当母犬在月经开始
时，就已经准备好交配了。母犬发情
的迹象包括：过度舔舐自己的屁股，
外阴明显肿胀，随后该区域出现小血
斑。此外，狗狗还有行为上的变化，
如黏人、不安、缺乏食欲、紧张、尿
频和偶尔的攻击行为。没错，狗狗也
会有经期综合征！

生存指南
拜访狗友

朋友是我们选择的家人……除非你是一只狗，而你主人的朋友也养了狗，你不得不和它一起玩耍。好处是，这很容易让狗狗的社交活动变得有趣和公平。

1
先让它们散步
最好让狗狗们在中立地带一起散步，这样你就可以检查它们是否合得来。然后再让它们同时进入你朋友的家中，从而避免常住在那里的狗狗觉得自己很有地位。

2
打开门
尽可能为狗狗创造更多室内奔跑的空间，并在到达朋友家后让它们彼此适应。向两只狗狗投掷食物，玩"找到它"游戏，让它们一起友好地嗅上一嗅。

3
我该坐在哪里？
去朋友家时，带上狗狗的床或垫子，以便让狗狗在新的、气味陌生的地方有自己的座位，并且要阻止你的爱犬霸占主人家狗狗的床。

4
客人带来奖品
把零食拿出来，确保两只狗狗在它们自己的床上平静地放松，享受美味的奖励。这样一来，它们就会期待你的下一次到访。

5
立下家规
和你的朋友确定好一些界线。如果其他狗狗越线，主人家的狗狗会"责备"它们。所以，要通过帮助你的爱犬遵守家规来保持和平。

6
时间间隔
假如狗狗们需要睡觉，或者只是想独自安静地咀嚼以放松一下，要确保有足够的空间让它们分开一段时间。

我那神奇的狗狗
怎么了?

有时狗狗会做一些让我们担心或不安的事情。重要的是将狗狗奇怪的或不寻常的行为置于整个环境中来看,这样你才可以正确地理解狗狗为什么这样做,并做出适当和积极的反应。

我的狗狗不吃东西

上班前我给狗狗喂了一些吃的，下班回来后发现它什么也没吃。这可是我能买到的最好的饼干，它为什么不吃呢？

我的狗狗在想什么？

狗狗不舒服的最初迹象就是没有食欲（见第136—137页）。不过，不吃东西还有其他很多原因，例如，狗狗可能会发现填饱肚子和你离开之间存在联系，这会让它不愿意吃早餐。也可能是它不喜欢这些食物，或者讨厌这些食物的味道。和孩子们一样，有些聪明的狗狗会等等看，如果不吃的话，是否会得到更好吃的食物。你需要仔细观察：狗狗是嗅了嗅食物就走开了呢？还是尝了一下就吐出来了？或者干脆避开食物完全不吃？

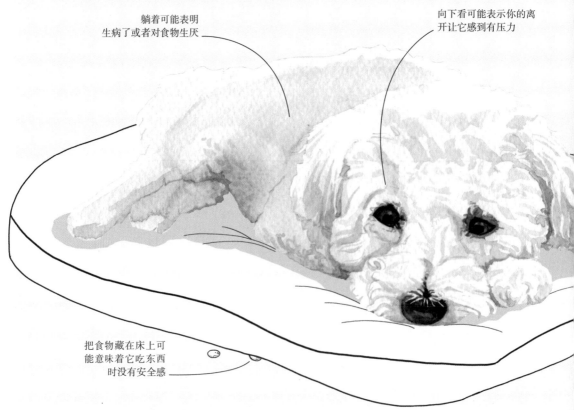

躺着可能表明
生病了或者对食物生厌

向下看可能表示你的离
开让它感到有压力

把食物藏在床上可
能意味着它吃东西
时没有安全感

"战斗或逃跑" 反应

我们也许会认为狗狗不喜欢吃零食，但狗狗不吃零食可能另有原因。逃离危险对狗狗来说是最首要的事情。"战斗或逃跑" 反应使狗狗的消化系统罢工，因为血液会从胃部流向腿部。假如狗狗在散步时、在车里或在家中表现得忧心忡忡，第一个明显的迹象就是即使给它最美味的食物，它也置之不理。

有何作用？

你的爱犬不吃东西，因为吃东西不是当前的优先事项。看看周围环境，运用 "有何作用？" 公式（见第22—23页），然后寻求兽医的建议。

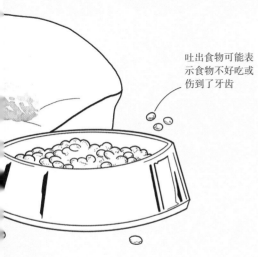

吐出食物可能表示食物不好吃或伤到了牙齿

我该怎么做？

当下：

你要放松。把食物碗硬推给狗狗，对它皱眉或者对它施加压力，都可能使它更不想吃东西。

长期来看：

- 首先要让你的爱犬运动一下。有些狗狗没有食欲是不会吃早餐的。
- 要让你的爱犬自己去赢得食物！充满爱意地展示所有食物，就像一顿丰盛的烤肉晚餐。要求它坐下来等待，得到你的允许后才能开吃。
- 尝试其他投喂方式，比如可以用滚动的食物玩具，或者把食物扔到花园里，让狗狗玩一个有趣的 "找到它" 游戏。
- 更换狗粮的口味，或者考虑改用美味的、防腐剂含量低的生鲜食品。
- 假如你的爱犬在24小时后仍然对高品质的食物无动于衷，那么你就得咨询宠物医生了。

假如你拥有一只拉布拉多犬，这一页的内容仍然与你相关，请立即打电话给兽医！

高级观狗指南

疾病的迹象

我们的狗狗大多数时候对自己的感受是很诚实的，除非它们身体不舒服。对于曾经生活在野外的祖先来说，隐藏痛苦是必要的，因为生病的狗狗会成为群体的负担。狗狗患有疾病的明显迹象有食欲不振、呕吐和腹泻。不过，假如狗狗生病的迹象是通过它的行为表现出来的，则往往更容易被我们忽视，所以我们需要了解下面这些潜在的信号。

蹭屁屁

这种行为看起来像是狗狗在擦屁股。最有可能的原因是狗狗的肛门腺堵塞、肛门腺疼痛，需要兽医进行检查（见第12—13页）。好消息是这一疾病没有生命危险；坏消息是散发出的气味太重！如果忽视了这一症状可能会导致感染和脓肿。

揉搓鼻子、啃咬爪子或腿部

狗狗的鼻子、爪子和皮肤发痒通常是过敏反应的迹象。吸入草花粉和尘螨会引发过敏；假如狗狗每天在同一时间搓鼻子、啃爪子，通常与食物有关。请注意：狗狗还可能啃咬腿部，这是它们应对无法触及的、更复杂的内部不适的方式。

摆出"吊死狗"的姿势

有时候，狗狗生病的迹象非常微妙，会表现出坐立不安、嗜睡，或者只是摆出一副"吊死狗"的姿势，瞳孔放大、毛发打结、腹部紧绷，还会不停喘气。狗狗通常能忍受不适，不会发出呜咽。所以，即使它们只是表现得稍有异常，也应该带去看兽医。

不寻常的攻击性

假如平时很冷静的狗狗突然变得暴躁异常，或者无缘无故地朝你吠叫、咬你，就得带它去看兽医了。疾病或受伤引起的疼痛可能是一个诱因；可能是牙痛或耳部感染，也可能是不幸得了癌症。

筑巢

你可能会惊讶地看到狗狗钻进它的被窝里，保护某个柔软的玩具，看上去很沮丧，甚至会分泌乳汁。这些都是假怀孕的症状。每次发情之后的激素变化都会让没有交配经历的母犬觉得自己怀孕了，所以会自然而然地表现出上述行为——不过，假如这种情形反复发生，还是要咨询你的兽医。

过度舔舐表面

你的爱犬是否会一直舔舐某些奇怪的表面？比如墙壁、家具、你的身体，甚至是空气？这些行为可能暗示着狗狗有潜在的消化不良问题。一项针对每天都这样做的19只狗狗的科学研究发现，大多数狗狗患有胃肠道疾病，如胰腺炎或肠易激综合征。

我的狗狗吃便便

我的狗狗贪吃便便，假如我不加以阻止，它会吃掉所有它能接触到的便便——猫咪的、其他狗狗的，甚至它自己的。没错，它确实还想用吃过便便的嘴亲我！

我的狗狗在想什么？

虽然吃便便是狗狗被遗弃的主要原因之一，但这是一种自然行为。母犬舔舐新生儿，刺激它们排便，然后吃掉它们的粪便，以防捕食者找到这窝幼崽。成年犬有时也会吃便便，这是因为它担心邻居的威胁，并试图掩盖自己的气味。根据你对这个恶心习惯的反应，狗狗可能认为吃便便这种行为很有价值，或者能得到你更多的关注（见第22—23页）。还有可能是身体原因，例如，患有肠易激综合征的狗狗不能完全消化食物，于是可能会再次进食。

我该怎么做？

当下：

- 不要冲你的爱犬大吼大叫，也不要惩罚它；假如让它把吃便便的行为与压力挂上钩，情况会变得更糟。相反，你需要用积极的强化训练方法，教会狗狗"离开便便"的指令。

- 假如看到狗狗在花园里便便，你要表扬它并把它叫到室内款待，然后直接走出去捡起便便。干净的花园需要有更清新的狗狗的气息！

长期来看：

- 假如你的爱犬在散步时不停地找"外食"，不妨给它戴上嘴套，减少它成功吃到的机会。

- 跟兽医预约验血，检查狗狗的消化功能和肝功能，确保它得到最新的驱虫治疗。

- 不要把钱浪费在那些专为狗狗设计的、让狗狗觉得便便的味道很糟糕的产品上：这些产品无法阻止狗狗对便便的狂热。

狗狗吃便便是很恶心的行为，然而这是狗狗的本能，主人需要保持冷静，尽可能让它们远离诱惑。

圆拱的背线和紧绷的腹部
表明它有压力

不浪费，不愁缺

　　实际上，许多动物都有食粪行为。海狸、兔子、啮齿动物和大象等哺乳动物都会吃自己的粪便。猫屎对狗狗来说具有特别的诱惑力，因为与狗狗的食物相比，猫咪的食物中含有更高的蛋白质，这使得它们的粪便更有肉质感。

眼睛在审视潜在
的对手

耳朵保持警觉，留意干扰的声音

139

我的狗狗吃玩具

我的狗狗把它的玩具全吞下去了。我已经带它去看了很多次兽医，现在总得提防着它。它偷吃袜子、毛巾和孩子们的玩具，所以孩子们会追着它讨回玩具。

我的狗狗在想什么？

在狗狗的王国里，占有权就是法律的十分之九。假如幼崽出生在像收容所这类压力很大的地方，它们会从母亲或同窝的幼崽那里学会"占有"这种行为。遗憾的是，许多幼犬的饲主没有意识到，在幼犬进行探索时，他们反复拿走幼犬嘴里的物品会伤害他们之间的关系。狗狗学会了保存东西的唯一方法就是赶紧将它吞下肚。这种行为表明狗狗很焦虑，需要帮助。如果它正叼着东西，你得跟它协商着把东西拿回来。直接要求它扔掉东西或干脆将东西夺走，会强化它的吞食行为。

不当进食

狗狗吃玩具、袜子、毯子、石头或其他奇怪的东西是一种更深层次的症状，解决这一问题需要你的同情心和耐心。有些狗狗患有异食癖，它们会强迫性地吃不能食用的物品，即使这会使它们生病。这种情况在猎犬身上很常见，因为人们总是训练它们用嘴叼东西。

我该怎么做？

当下：

- 无论何时见到狗狗捡起东西，你都不要惊慌失措。要是你突然向它扑过去，会刺激它快速将东西吞咽下去。也别让孩子们去把东西拿回来。

- 扔些零食在地上，用夸赞它的方式帮助它扔掉玩具或与你交换。假如狗狗已经在躲着你了，那你就离开房间，把身后的门关上。数到五后再打开——此时，大多数狗狗会走出来，把东西留在身后。

- 像鹅卵石这样的小东西被狗狗吞下后，排出体外的可能性很大。仔细观察24小时，假如发现狗狗有任何疾病或排便困难的迹象，就要打电话给兽医。如果你很担心，那就立即打电话，因为消化道堵塞可能会让狗狗丧命。

长期来看：

咨询合格的动物行为专家，他们会使用非强制和非暴力技巧，找到处理复杂行为的方法。

背部弯曲
表明有不适感

有何作用?

吞咽是保护资源的一种极
端方式。假如狗狗觉得自己受
到威胁或感到紧张, 它们可能
会把东西 "储存" 在胃里好
好保存。

蹲在玩具上

露出眼白, 警告
不要靠近

面部出现紧张纹

腿部紧绷,
肾上腺素激增

爪子搭在玩具上,
认领物品

141

生存指南
和孩子们在一起

对孩子们来说，学会与狗狗交朋友至关重要，这样他们才能在狗狗的陪伴下安全而自信地成长。指导和训练对确保孩子和狗狗尊重彼此的空间而言必不可少。

1
教导狗狗尊重孩子

通过奖励和表扬，训练你的爱犬在与孩子打招呼前先坐下，如果它感觉不适，就让它趴在床上或走开。虽然狗狗能识别出人类的"幼崽"，而且通常会在他们面前表现得更温顺。不过，狗狗跳起来、跟在孩子后面或嗅探孩子的脸可能会让孩子感到害怕，并在幼年时产生恐惧症。

2
教导孩子尊重狗狗

教孩子们学会在和狗狗打招呼前先征得饲主的同意，并在触摸狗狗之前让狗狗闻一闻他们的小手。无论孩子多大年龄，即便认识狗狗，最好也在征得饲主同意后再去触摸它。孩子们还需要了解狗狗受惊或紧张时的样子，假如被狗狗跟着或追赶，孩子们要学会双臂交叉，站着不动，不要去攻击拴着牵引绳的狗狗。

3
要考虑到年龄的问题

年龄大一点的孩子更能理解狗狗的想法，更能懂得如何与狗狗相处，而年幼一些的孩子还未完全形成对"他者"的概念，斥责这些幼儿不要去捅戳狗狗是没有意义的。假如你的孩子未满五岁，那就把训练的重点先放在狗狗身上。

4
保持监控

当孩子们和狗狗在一起时，监控孩子们的行为和狗狗的肢体语言是非常重要的。假如负责在一旁照顾的成年人没有听到狗狗不适的低吠，狗狗就会用撕咬的方式来表达"不"（见第150—151页）。很少有父母能原谅咬伤孩子的狗狗，所以后果可能是致命的。

我的狗狗会在室内和家具上尿尿

我给狗狗做过室内训练，可是它仍然经常在地毯和沙发上撒尿。我试过使用具有威慑力的"远离"喷雾和香茅项圈，可是只要我一转身，它又尿尿了。它只是淘气吗？

我的狗狗在想什么？

对狗狗来说，尿液不仅仅是废物，它还具有表达和交流的作用。狗狗通常会在新床上小便一两次，使之闻起来有熟悉的气味。但是，假如你的爱犬经常在室内撒尿，而且它身体健康，那么很可能是因为它对某些事情感到有压力。可能是你的日常安排发生了变化，或者孩子们在争吵。不过，它并不是在标记自己的领地或想在你面前宣示主导地位。你自然会对你的"尿加索"[译者注：原文单词pee-casso，与Picasso（毕加索）发音相同]感到沮丧，不过还是得试着退一步，去找寻它之所以这样做的线索（见第20—21页）。

我该怎么做？

当下：

不要生气。假如狗狗的这种行为是出于焦虑的话，你要是生气了，可能会让狗狗的行为变得更加糟糕，驱使它在需要尿尿时躲藏起来——这会导致排便训练变得棘手。

长期来看：

- 带狗狗去看兽医。它可能得了尿路感染，存在潜在的健康问题或尿失禁。
- 重新进行室内训练。每隔一小时就把你的爱犬（或幼犬）带到户外，假如它在户外尿尿，就给它奖励。最终，它会学会去户外小便。
- 想办法让你的爱犬更放松。规律的生活，明晰且充满爱意的界限，丰富心智的玩具，多巴胺项圈或扩散器，这些都有助于狗狗放松。
- 假如狗狗在室内撒尿大多发生在你外出的时候，那么你需要重新审视你们分离时的日常（见第178—179页）。
- 使用生物清洁剂清理尿液。狗狗的鼻子超级灵敏，经常会在同一个地方撒尿。

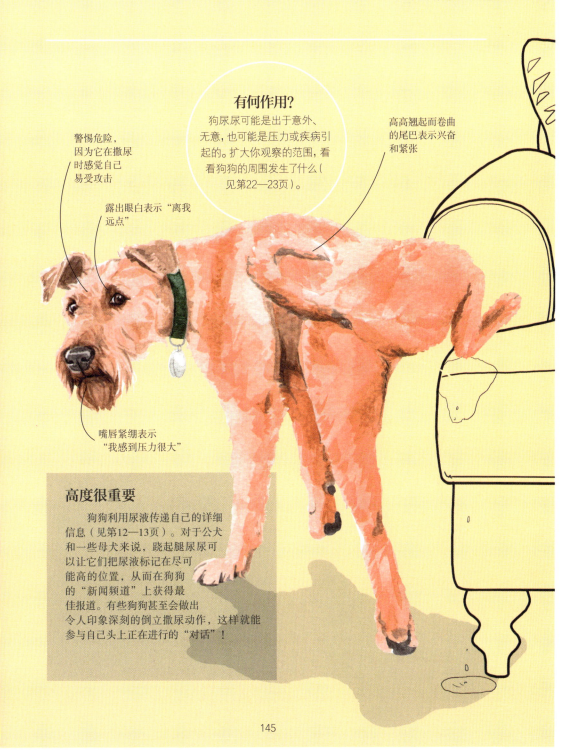

有何作用?

狗尿尿可能是出于意外、无意，也可能是压力或疾病引起的。扩大你观察的范围，看看狗狗的周围发生了什么（见第22—23页）。

警惕危险，因为它在撒尿时觉得自己易受攻击

露出眼白表示"离我远点"

高高翘起而卷曲的尾巴表示兴奋和紧张

嘴唇紧绷表示"我感到压力很大"

高度很重要

狗狗利用尿液传递自己的详细信息（见第12—13页）。对于公犬和一些母犬来说，跷起腿尿尿可以让它们把尿液标记在尽可能高的位置，从而在狗狗的"新闻频道"上获得最佳报道。有些狗狗甚至会做出令人印象深刻的倒立撒尿动作，这样就能参与自己头上正在进行的"对话"！

我的狗狗把它的"红色火箭"给露出来了！

我以为已经能看到狗狗的阴茎了，但显然不是。它把这个特别的红色"惊喜"一直留到了去我伴侣家吃午饭的那天。真是谢谢你了，狗狗！

我的狗狗在想什么？

"红色火箭""口红"或"至高荣耀"等，不管你叫它什么，狗狗出其不意地露出勃起的阴茎会鼓励一些人——尤其是好奇的孩子——停下来指着它。即使是绝育了的狗狗，也会自然地产生性欲，但其阴茎勃起并不总是因为潜在的性冲动。所以，这绝对不代表你的狗狗喜欢你。对散步、训练或一顿美餐的期待都会让狗狗产生性冲动，此外，也可能表明狗狗对某种东西感到焦虑。

勃起功能障碍

包茎过长是一个医学术语，是指狗狗的阴茎不易从包皮中完全外露。有时狗狗的阴茎不会回到包皮里；嵌顿包茎是指未勃起的阴茎卡在包皮外面；阴茎异常持续勃起是指勃起的阴茎无法回到包皮里。你知道狗狗的阴茎里面有块骨头吗？有点奇妙吧！

我该怎么做？

当下：

- 试着忽略它，希望它会消失！一些训练师深信这是最好的方法，可以确保你不会在无意中鼓励或奖励这种行为。
- 假如你的狗狗感到紧张，带它离开令它兴奋或沮丧的环境，帮助它平静下来。

长期来看：

虽然狗狗的阴茎会自然缩回，但有时它会卡在"包皮"外面或卡在原本遮住它的毛发外面。这会导致表皮干燥或组织感染。更糟糕的是，假如狗狗的阴茎持续伸出几个小时，供血受到限制，组织可能会坏死，那就需要切除了。仔细观察狗狗的阴茎是否露出了10分钟以上，如果出现这种情况，它可能需要接受兽医的治疗。

瞳孔扩大，
表明很亢奋

喘息可能是基于
压力的反应

有何作用?

除了用于繁殖后代，狗狗
还会用"红色火箭"表明
因焦虑或兴奋而产生的非
性的冲动。

头皮屑和脱发，
同时出现"红色火
箭"，表明焦虑

我的狗狗冲我吠叫

我救助了一只狗狗，我们相处融洽，只是有时它会冲着我和我的朋友们狂吠。我是否应该把它送回去呢？我可不想要一只具有攻击性的狗狗。

我的狗狗在想什么？

放轻松。你的爱犬可能有过一段艰难的过往，需要得到你的帮助。好消息是，它在给你明确的警告，告诉你有些地方不对劲。狗狗会用一系列不断升级的行为表达不适（见第150—151页）。就像把手放在枪套上的枪手，狗狗可能会一边狂吠，一边观察你是先"拔枪"，还是先后退一步求和。狂吠也可能是由疾病引起的（见第136—137页）。在你做出任何改变狗狗一生的决定之前，请寻求专业人士的评估。

"飞机耳"伸向两侧，发出对峙的信号

眼神锐利，表示"我不是在胡闹！"

嘴角皱起，嘴唇往后拉

嘴唇翘起，露出牙齿武器

低低的"恐惧咆哮"姿势，使自己看起来不那么具有威胁性

有何作用？

不管是出于什么原因——恐惧、沮丧或试图恐吓——狂吠的狗狗是在表达："我不想咬你！"

148

> 狂吠是好事！会叫的狗狗不咬人，狂吠的狗狗是在寻求帮助。

我该怎么做？

当下:

- 站直不动，将身体稍微转向一侧，这样你就不会让狗狗产生威胁感。不要盯着你的狗狗，保持呼吸平稳。
- 你的狗狗不舒服。需要给它一些空间，帮助它放松。
- 不要因为狗狗狂吠而责骂它。假如受到你的惩罚，下一次它很有可能不发出任何警告就直接跳起来咬人。

长期来看:

- 预约一位兽医，检查狗狗是否存在健康问题。
- 仔细观察狗狗在狂吠之前是否有任何不适的迹象。等这些迹象再次出现，在升级为冲着你"怒骂"之前，请给狗狗一些空间。
- 称职的行为专家能帮助你找到狗狗狂吠的原因，并找到一种充满爱意的方式改变它或者改变你的行为！

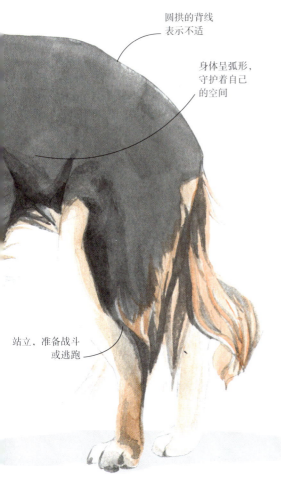

圆拱的背线
表示不适

身体呈弧形，
守护着自己
的空间

站立，准备战斗
或逃跑

是警告还是游戏时间？

狗狗会发出各种奇妙的声音与我们交流（见第12—13页）。它们会通过吠叫来引起我们的注意或获得食物，甚至发出游戏邀请。玩耍时的吠声通常是夸张而响亮的，而且可能还会从高亢的"聊天"声变成低沉的咕哝声，循环反复。相比之下，警告性的吠叫通常是低沉的，而且是喉音。

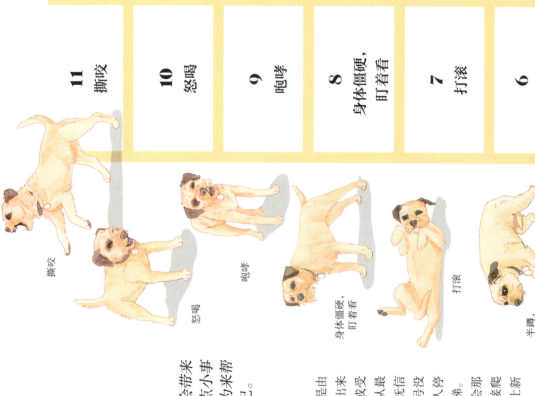

| 11 撕咬 | 10 怒喝 | 9 咆哮 | 8 身体僵硬，盯着看 | 7 打滚 | 6 |

撕咬

怒喝

咆哮

身体僵硬，盯着看

打滚

半蹲，

高级观狗指南
攻击性行为阶梯

对狗狗来说，反复的攻击行为可能会带来致命后果。因此，它们不会因为一点小事就大打出手，而是进化出一系列行为来帮助它们避免使用牙齿，除非万不得已。

这种不断升级的行为"阶梯"概念是由兽医和行为学家肯德尔·谢克德博士提出来的，旨在帮助我们了解狗狗在感到压力时或受到威胁时的反应。所有狗狗的反应都是从最低级阶梯开始的。它们会发出温和的安抚信号，例如舔鼻子或打哈欠。假如这个信号没有引起注意，或者让其他狗或人停止，后退，狗狗的行为就会上升一级阶梯。随着时间的推移，狗狗就学会了不去理会那些以前对它们不起作用的步骤，而是直接爬升到那些起作用的"阶梯"，这在任何会让新

150

5 偷偷移动，耳朵朝后	4 走开	3 转身坐着，抬起爪子	2 转过头去	1 舔鼻子/打哈欠/眨眼睛

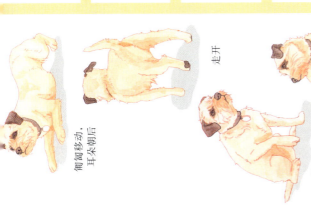

偷偷移动，耳朵朝后

走开

转身坐着，抬起爪子

转过头去

舔鼻子/打哈欠/眨眼睛

爬梯子

每一级梯子都显示了狗狗可能用来表达其不断增加的压力的信号。

掌握狗狗发出的信号

没有狗狗是天生好斗的。这是一种后天习得的反应。只要留意它们感到不适的早期迹象，就能帮助它们避免好斗的行为。假如你的爱犬表现出这些行为，请后退一步，给它们空间，并倾听所它们的低语。这样的话，它们就不会学着吠叫了。教那些有情绪管理问题的狗狗学会一些低级信号，如"走开"，可以有效避免攻击行为。

来的狗狗和人觉得它们很有攻击性。要是我们没有及早发现这些迹象，就可能在无意中让狗狗变得具有攻击性。同时，要始终关注周围环境。大多数行为对狗狗来说还有其他作用，具体是什么，取决于狗狗周围发生的实际情况。

151

我的狗狗张嘴咬人

有时我的狗狗会用嘴啃我甚至咬我。我知道它还是一只小狗，只是轻咬而已，但我不希望它真的去咬人。假如我对它大吼大叫，只会让情况变得更糟。

我的狗狗在想什么？

不要紧张，这完全是正常行为！幼犬在5—6个月大时失去乳牙，自然会用啃或咬的方式缓解出牙的疼痛。假如你的幼犬现在很兴奋、很紧张或不想要你的爱抚，那么它用嘴咬你的手是向你诉说的最简单的方法。幼犬也会收集、品尝、咀嚼和测试它们周围的世界——它们的嘴就是它们的"手"。虽然对口腔的迷恋可以被用来训练一些出色的辅助犬，但这种痴迷可能会成为一种习惯。因此，幼犬需要尽早了解，用牙齿啃咬皮肤是绝对不被允许的。

咬人是许多犬种特有的行为，诸如梗犬、护卫犬和牧羊犬等，但可以通过训练加以遏制。

我该怎么做？

当下：

- 如果你在和幼犬玩耍时触碰到了它的牙齿，就大叫一声"哎哟！"随即暂停游戏。假如狗狗还想再咬你，就让它在另一个房间待10秒钟，让它知道这样做是不对的。假如这种情况发生在你抚摸它时，那是它在告诉你请住手——这时你得把手拿开，不要再用力去摸它。
- 给狗狗一个冷冻的胡萝卜或橡胶玩具。假如幼犬正在长牙，嘴里有点东西将有助于它缓解下颌的疼痛。

长期来看：

- 引导幼犬将轻咬行为转移到玩具上，表扬它咬玩具"咬得好"。之后，你可以慢慢训练它不要咬人，不要张嘴。
- 确保幼犬有固定的游戏时间和午睡时间。幼犬在过度疲劳时也会张嘴咬人。
- 监督幼犬的玩伴，包括狗狗和人，因为粗鲁的玩伴会教它一些坏习惯，比如用咬人来开始游戏。

顽皮的姿势
表示："别生
我的气！"

鲨鱼嘴

　　大自然给了幼犬锋利的小小牙齿，让它们以最小的力气造成最大的伤害。轻咬是在告诉妈妈该给它们断奶了，并换成固体食物。这也意味着，假如幼崽咬得太狠，会遭到同窝幼崽和人类家庭的排斥。这就教会它们在长出强大的下颌肌肉和恒牙之前，"抑制"或减轻它们的咬合力。

轻咬可以让下颌
放松

有何作用？

测试表面、出牙、寻求注意、有压力以及感到兴奋都是造成幼犬轻咬的常见原因。你的幼犬如果咬人会得到什么"奖励"？

看着你是在
说："跟我
说说话！"

153

我的狗狗会咬人……是真的！

我的狗狗咬过我、兽医，以及我的几个朋友。有几次我设法抓住了它，并阻止它，可是我永远不知道它什么时候会旧病复发。

我的狗狗在想什么？

很有可能，它是别无选择。我们经常错误地认为，狗狗咬人总是带有攻击性和恐吓性。但从根本上说，狗狗咬人是因为它知道这样做会有效：要么是获得某些东西，比如关注；要么是为了摆脱某些东西，比如一个可怕的人。大多数狗狗并不想咬人，即使是在它们害怕的时候，因为它们自己也可能因此受伤。它们只有在尝试了不那么具有攻击性的行为，发现没有达到预期的目的之后才会这样做（见第150—151页）。任何咬人行为都会给你和爱犬带来严重的后果。幸运的是，通过耐心、积极和专业的帮助，咬人的狗狗可以完全得到改造。

我该怎么做？

当下：

- 将你的狗狗隔离起来，先处理好伤口。假如你的皮肤有破损，要清洗被咬的部位，并立即就医，注射抗生素。
- 保持冷静。用痛苦或恐惧惩罚狗狗只会让它更没有安全感，并再次咬人。

长期来看：

- 突然的攻击行为可能表明你的狗狗正处在痛苦之中，所以，赶紧预约兽医进行检查。
- 请一位使用非暴力手段、采取正面强化训练的行为学家训练你的狗狗，让它知道，不需要通过咬人这种行为让别人走开或引起关注。
- 做好风险管理，避开你所知的可能会导致狗狗咬人的那些狗、人或情况。假如你的狗狗以前咬过人，那么在散步时给它戴上嘴套。

法律很少站在狗狗的一边，甚至只是吓唬人都可能导致狗狗被安乐死，所以，要立即寻求专业支持！

有何作用?

狗狗咬人并不意味着它"坏",这纯粹是一种功能。你需要弄清楚狗狗咬人是由恐惧、挫折、过度自信还是实践导致的(见第22—23页)。

面部和身体紧张,肾上腺素激增

耳朵微微向后,处于防御模式

眼睛紧紧盯着"目标"看

锐利的眼神和放大的瞳孔让它看起来异常凶狠

龇牙咧嘴是在警告:"我不想咬人!"

身体前倾、僵持不动的姿势表示准备撕咬和战斗

咬人等级

该量表对狗狗咬人行为的严重程度进行排序,记录下细节会对行为学家很有帮助:

1.对着空气乱咬只是一种警告,没有肢体的接触。

2.咬住,松口,是为了惩戒、测试或威吓,只咬一次。

3..咬住,咬住,松口,是连续的啃咬,然后撤退。

4.咬住,不松口,是为了压制或制服对方的自信的啃咬。

5.咬住,不放,来回甩动,是在故意杀死。

生存指南
介绍新来的狗狗

我们都喜欢有人陪伴，对吗？错了！狗狗虽说是一种社会性动物，但是，假如你要再养一只狗狗，很容易会让你的第一只狗狗觉得有了竞争对手——除非你能帮助它们建立牢固的友谊。

1
举办小型约会

在领养救助犬之前，可以带着它和你的第一只狗狗进行多次短途散步。开始时，用牵引绳牵着狗狗，让它们间隔几米远，之后再让它们在一个安全的和平空间里相处。

2
观察狗狗的游戏信号

它们真的相处融洽吗？假如你的新狗狗和第一只狗狗一起"玩耍"了几个小时而没有片刻休息，那么它们很可能是在为直接开战做准备！你可以通过使用召回和垫子放松训练来帮助它们休息，让它们安静下来，或者将游戏转到玩具上。了解公平游戏的信号将有助于你怀着爱意做出判断（见第120—121页）。

3
成为父母

成年犬对幼犬有一定的耐心，但它们需要你接受最终的父母身份。假如你要带一只新的幼犬回家，请确保你的第一只狗狗有躲避和休息的空间。

4
一起训练它们

让两只狗狗知道你有足够的时间、精力和食物给它们，这是非常重要的。一起训练它们，让它们感受到一起度过的时光充满无穷的乐趣！

5
分开它们的东西

每只狗狗都需要有自己的"卧室"（一张单独的床）和食物碗，才会给它们营造家的感觉。虽然它们最终可能会选择睡在一起，但狗狗从来不喜欢头对着头吃东西。

我的狗狗在追逐自己的尾巴

每次我们把狗狗放进花园里的时候，它都会追逐自己的尾巴——真是太有趣了！不过，它抓住尾巴后会开始啃咬，这有点奇怪……

有何作用？

所有的强迫性行为，比如追逐自己的尾巴，都是狗狗为了在短期内通过分泌多巴胺这种让它感觉良好的激素来自我安抚。

我的狗狗在想什么？

追逐是狗狗的本能，可以让它获得极高的满足感。但追尾行为是狗狗真正苦恼的迹象。它通常源于动机冲突。例如，想在外面小便，但又害怕邻居家的狗。狗狗沮丧的大脑想同时朝不同的方向前进，这就会让它原地打转，就像我们来回踱步一样。追逐尾巴、灯光、影子、汽车、球类，以及过度梳理毛发，都可能成为强迫症的表现形式。这些无益的应对策略可能会损害狗狗的健康，需要你去解决。有些狗狗还会用追逐尾巴来赢得关注。

毛发打结、出现皮屑是压力的表现

66

对我们不理解的东西报以大笑是很自然的事情。可是，反复追逐自己的尾巴、灯光或影子并不好笑——对你的爱犬来说也不好玩。

99

我该怎么做？

当下：

- 尽量不要嘲笑、奖励或鼓励你的狗狗用追逐尾巴的行为来获得关注。
- 冷静地将狗狗的注意力转移到游戏、基于食物的活动或一些训练上。

长期来看：

- 咨询使用非暴力手段的合格的行为专家，请他帮你分析和管理狗狗的焦虑行为。注意可能引发强迫行为的情况、声音、时间或环境。
- 每天给狗狗喂食2—3餐有助于调节狗狗的精力和睡眠，充足的身心锻炼有助于狗狗获得自然的放松。
- 假如你要外出，需要将狗狗长时间关在笼子里，那么不妨考虑让门开着，请人半天去探望一次。在家中各处设置益智游戏和互动喂食器等"丰富"的活动可以让狗狗集中注意力。

焦虑或沮丧时耳朵向后缩

面部紧绷表示："我感觉不太好"

追逐导致咀嚼……这是一个危险的习惯

受挫也可能是好事

　　成年犬能承受的压力大小是由幼年时期、自然沮丧时期或"应激免疫"时期决定的。这些时期会影响幼犬的"神经可塑性"，即适应和重塑自身以形成新的应对策略，从而处理新的、不断变化的环境和体验的能力。这就是为什么断奶、与同窝幼崽玩耍，以及短暂的分离，都有助于增强狗狗在以后生活中的适应能力。

我的狗狗无法平静下来

我的狗狗疯了。无论在家里还是到户外，它经常发疯，根本不听我的话。它甚至用头撞我，所以，我很担心它会把别人的牙齿撞掉。

我的狗狗在想什么？

这种疯狂的嬉闹是在告诉我们，狗狗真的很不快乐，它需要我们帮助才能重新安静下来。当你的爱犬已经处于紧张或兴奋状态时——假如有陌生人来访或者你们正在公园里玩耍，请你务必在它身边逗留，拥抱它，给它点吃的。否则，大声的问候或兴奋的声音提示都会把它推到极度紧张的边缘。在这种"超阈值"状态下，狗狗会变得异常活跃，听不到你的声音。假如你抱住它，想让它停下来，这时就会发生头部撞击或"嘴套冲撞"，这是它想获得一些空间的自卫动作。

五种表现

人和狗狗在遇到让他们兴奋或震惊的事情时，可以选择抗争、逃跑、僵持、晕厥或戏谑作为反应。对狗狗来说，用"戏谑"的方式表达恐惧，会让它看起来显得过于兴奋或顽皮，就像我们会用喜剧打破紧张气氛一样。狗狗也会通过其他方式向我们表达焦躁不安的情绪：比如疯狂半小时，啃咬我们的东西，追逐自己的尾巴（见第42—43、94—95和158—159页）。

我该怎么做？

当下：

- 将你的狗狗带离现场（或带出房间）；松开牵引绳，安静地等待，直到它平静下来。
- 如果是在室内，把它带回同一房间，让它"坐下""上床"或"别动"，要是它表现得冷静多了，就用食物奖励它。如果是在户外，就继续散步或游戏，同样奖励它平静的行为。

长期来看：

- 告知家人和朋友不要让狗狗感到紧张的重要性，等他们明白这一点，你就可以利用社交场合进行训练了。但不要操之过急：要逐一向狗狗介绍令它兴奋和恐惧的触发器，比如门铃。
- 狗狗需要一个安静的地方睡觉，而且每天至少需要一个小时的身心刺激。德国牧羊犬、哈士奇和苏格兰牧羊犬等品种则需要两个小时。
- 富含蛋白质且不含防腐剂的狗粮会对狗狗有帮助。

有何作用?

"狂躁恐慌"是指狗狗在已经很兴奋或很恐惧的情况下，试图应对肾上腺素突然飙升时表现出的状态。

面部紧张纹表示："我吓坏了！"

瞳孔放大表明肾上腺素分泌过多

下端较宽的"匙形"舌头表示有压力

跳起来释放被压抑的能量

血液翻涌，潮红的皮肤透过皮毛显露出来

161

我的狗狗不会闭嘴

我的狗狗可真是个话痨。它整天对着我呜呜、汪汪叫、吱吱叫——无论我是在打电话、看电视，还是在厕所里。它简直快把我逼疯了！

我的狗狗在想什么？

你问狗狗一个问题，然后得到了一个热情的"啊哦！"回答，这是多么可爱的场景啊！你猜怎么着：当你回复它时，它会认为你训练有素，能对它的声音做出反应。一旦它知道这能引起你的注意，就会继续"滔滔不绝"。无论你拥有的是一只会打招呼的西伯利亚雪橇犬，还是一只吱吱乱叫的史宾格猎犬，甚至是一只能对着泰勒·斯威夫特唱歌的梗犬，不必要的叫声很快就会让你感觉像在遭受水刑。有些品种天生喜欢吠叫，而且吠叫具有多种功能（见第12—13页）。但对大多数狗狗来说，这种行为是你训练出来的，所以，你也可以取消这种训练。

"

与狼相比，家养的狗狗进化出了很多发声方式，目的是与我们人类进行交流。

"

有何作用？

你的爱犬可能因为想要某种东西而请求得到你的关注，它是在表达它觉得好玩或兴奋，又或者提醒你有危险等。

我该怎么做？

当下：

- 不要让你的狗狗闭嘴，这样做没有用，它会认为你也加入了谈话。
- 如果你认为狗狗是在寻求关注，那么请不要满足它的要求。如果你顺从它，它就会继续通过吠叫让你低头、返回、拿东西或者喂它吃的。

长期来看：

- 注意你的爱犬在晚餐前后、玩耍时，以及你打开房门或爬到家具后取回玩具时的行为。它是否总是发出声音向你索要不同的东西？
- 让全家人一起训练狗狗用其他行为索要东西，比如"触摸"（用爪子）或拿着玩具。确保没有人会因为它哀叫或吠叫而给它想要的东西。

柔和的面部肌肉表明发声不是出于焦虑或威胁

没有快速解决方法

　　防吠产品一般被设计成通过喷洒、电击或吓唬狗狗等方式惩罚它们吠叫的行为。像这样的快速解决方法可能会对狗狗的身心健康造成长期的负面影响，而且无法从根源上改变狗狗的行为，例如，当你的狗狗在你外出时吠叫（见第178—179页）。

没有露齿意味着没有什么令它兴奋的

163

生存指南

烟花时节

当爆竹声响起，天空中呈现出五彩缤纷的色彩时，大多数狗狗都会跑开，躲起来。对狗狗来说烟花季很难熬，不过，你可以做一些事情防止受惊的狗狗像火箭一样发射出去。

1
让它们疲惫不堪

白天，带你的爱犬外出进行愉快的长途散步，同时让它们做一次大脑训练，这样一来，在焰火开始前，狗狗就会感到困倦并放松下来。

2
帮助它们放松

持久耐用的咀嚼玩具或食物填充玩具是分散狗狗注意力的利器，能让它们忽略巨大的响声或奇怪的噪声。镇静项圈或插入式扩散器也可以帮助你的爱犬找到内心的平静。

3
打造一个巢穴

为你的狗狗打造一个有遮盖的安全空间，让它们可以躲到任何它们觉得安全的地方——甚至你的床底下。拉上窗帘，播放一些音乐，也能消减烟花的噪声。

4
要给予安慰，但不要溺爱

假如你对狗狗表现出担心，它们只会变得更糟。你可以用充满感情的声音安慰狗狗，但是不要拥抱它、过度抚摸它或冲它咕哝说"啊，可怜的小宝贝！没事的"，否则你就陷入了它们的焦虑。你要冲它们微笑，和它们一起放松，告诉它们"没事的"。

5
为你的幼犬做好准备

让幼犬尽早习惯嘈杂的声音。用"社交配乐"（比如爆竹声和婴儿啼哭声）搭配零食或令狗狗兴奋的玩具，帮助幼犬了解：当奇怪的声音出现时，快乐的自助餐就会到来。毕竟，训练有素的猎犬不会为枪声困扰！

我的狗狗不会取物

我已经放弃了和狗狗玩接球游戏。大多数情况下，它会带着球跑开，然后把球撕碎。其他狗狗喜欢捡东西，为什么我家狗狗不喜欢呢？

我的狗狗在想什么？

大多数狗狗会追逐快速移动的物体，但接下来会发生什么取决于狗狗的品种和以前玩取物游戏的经验。例如，小猎犬是为捕杀害兽而培育的，所以当你扔给它一个吱吱作响的球时，它会本能地将球撕碎而不是把球还给你。我们可能会在无意中阻止狗狗去捡球，因为我们以为它们天生就想要分享；如果它们不这样做，我们去追赶它们，从它们嘴里把球或玩具抢过来，只会让它们跑掉。

教会狗狗取物

- 从两个相同的玩具或球开始，一个放在你的口袋里，另一个在你的手里，这样你就有东西和狗狗交换了。
- 给你的狗狗看看玩具，假装它得不到！带着玩具慢跑，直到你的狗狗跟上你。
- 把玩具扔出去或让玩具滚动，假如狗狗追赶它或咬它，你要表扬狗狗。
- 假如狗狗立即捡起东西，那你就走开。这样可以鼓励狗狗叼着玩具走近你。

- 当狗狗走近时，拿出第二个玩具，转向它，把玩具举高，然后说："放下！"
- 一定要等到狗狗放下第一个玩具后再扔给它第二个。要有耐心，并且要确保游戏友好地进行。

小贴士： 如果狗狗对玩具没有兴趣，可以在几周内使用食物分配球来代替。

取物的五个阶段

一些犬种天生比其他犬种更喜欢玩取物游戏，不过，总的来说，取物是一个需要教导的、可分为五个阶段的信任游戏。狗狗必须追逐、啃咬、叼起、走向你，然后放下。这个过程十分复杂，其中任何一个环节出现问题，都可能导致狗狗完全回避游戏，这种情况下，你需要解构和重建游戏的每个阶段。

尾巴高高翘起：从追
逐中被唤醒，对周围
环境保持警惕

猎犬是用来杀戮的，
而不是用来取物的！

狩猎之后是开膛破肚的‘杀戮’。假如狗狗在
撕扯球，可能表示它已经结束了这个游戏。

有何作用?

通常情况下，狗狗拿着
球不放是因为你没有提供同
等的或更好的东西与它交
换，又或者是因为它们知道
玩"躲避"游戏时会发
生有趣的事情。

站立着撕咬，可以
快速逃离埋伏

咀嚼或撕咬可以让狗狗
在兴奋的狩猎之后获得安慰

我的狗狗不听召唤

当我呼唤狗狗时，它假装没听见，径直走开了。在它还是幼犬时我就训练过它，它知道，假如它不马上回来，我会气疯的。它这是怎么了？

有何作用？

对你的爱犬来说，避开你是一个可以得到长时间散步的好方法。而且，在你可能会责备它的时候，它才不要靠近你。

慢慢走开，是温柔地表示不愿意回家

低垂着脑袋与尾巴，是一种安抚的姿态

嘴巴紧闭，小心翼翼，紧张不安

嗅探是一种平静的信号，等着你高兴起来

我的狗狗在想什么？

你的爱犬宁愿离你远远的，直到你不再对它大喊大叫或冲它甩动牵引绳。虽然狗狗和孩子一样，在很小的时候就学会了安抚没有耐心的人，但是长大后它们发现，有时最好避开紧张的环境，直到事情平息下来。狗狗很有可能仅凭你说话的语气就知道散步何时结束——它可能不想很快回来，因为那样的话意味着乐趣就结束了！生气于事无补。是时候重建你们之间的召回纽带了。

我该怎么做？

当下：

- 深呼吸和微笑。这只是你们之间的沟通障碍，而不是对你权威的挑战。狗狗会对你的表情做出反应，所以不要生气，打起精神来！
- 请你走开，不要再呼唤你的爱犬。试着改变方向，甚至跑开，让狗狗对你要做的事产生兴趣。

长期来看：

- 回归基础游戏，享受乐趣！在家里和花园里利用高质量食物，练习在几米外召回你的爱犬。
- 为安全起见，给狗狗系上一条10米长的训练绳，并使用非恐吓手段重新训练它。这样的话，假如你在公园里叫它，而它没有回来，你仍然可以用牵

责骂听到你的呼唤后没有立即回来的狗狗，这样做会毁掉你们的召回关系。

引绳把它拉回来，确保它处于你的控制之下。

鼻子打开，耳朵关闭

通常情况下，如果狗狗的鼻子是"打开的"，那么它们会迷失在气味的世界里；如果它们的耳朵是"关闭的"，那么它们是真的听不到你说话。嗅觉是狗狗的主要感官，就像我们的眼睛一样，狗狗的鼻子能传递关于世界的最生动的细节（见第12—13页）。狗狗通过鼻子与草丛、垃圾桶和灯柱进行各种有趣的"交谈"。

我的狗狗总是往前拽拉

我的狗狗总是往前拽拉，回来吃点东西后又继续往前冲——它差点就把我拖到马路上去了！我试过各种项圈、背带和面罩，然而它还是往前拽个不停。

我的狗狗在想什么？

　　从狗狗的角度看，牵引绳很奇怪。它们在家里的时候，98%的时间都不需要牵绳。然后突然之间，当我们要去某个地方时，就变得很黏它们，要把它们拉到我们身边来——而且，对我们要带它们去的地方，它们没有选择权。

拽拉是最常见的训练和行为问题。喜欢拉扯的狗狗破坏了散步的节奏，它们常常会对其他狗狗和人产生兴趣。你的爱犬比你更不想被拖来拖去——幸运的是，我们能解决这一问题，成功的关键在于把训练、食物和耐心结合起来。

由于压力而喘息，或为了呼吸而喘气

拉紧的项圈使狗狗感觉自己被困住了

窒息的链条和滑动的牵引绳让狗狗感到痛苦，也让学习体验变得可怕

对抗反射

　　为了保持平衡，狗狗会自然地远离我们——这就是它们的"对抗反射"。这意味着你应该小心地控制牵引绳的松紧，用食物引导狗狗跟着你，与你合作，而不是与你对抗。请注意：假如狗狗跟在你的身后，说明前面可能有可怕的东西，所以，不要把它往前拽，以免破坏你们之间的关系。

将牵引绳拉得太高也
会导致张力变大

有何作用？

狗狗往前拉扯牵引绳是
因为它们想要快速到达某地
或离开某物，抑或是因为它
们被训练成相信这就是牵
引绳的作用。

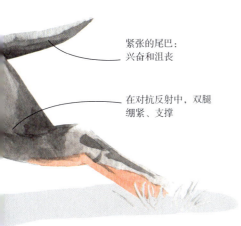

紧张的尾巴：
兴奋和沮丧

在对抗反射中，双腿
绷紧、支撑

我该怎么做？

　　重新开始，重建信任。在家里，练习教狗狗在不用牵引绳的情况下跟在你的身边，可以用食物引导。

用散步来奖励散步。

　　每当狗狗开始拉扯时，你就停止行走，待它回到你身边后，再一起出发，并为它待在你身边而定时奖励它。

　　当狗狗在拉扯时，你走的每一步都是奖励。即使这意味着得缩短散步的距离，也要坚持一个月。

　　除了食物之外，还可以使用其他奖励方式，比如允许它嗅一嗅其他狗狗。让狗狗知道，在牵引绳松散的时候，你会把这些奖励一起给它。

　　只在你有空的时候遛狗，这样你就不会因为赶时间而让狗狗拉着你走。

❝

猛拉、训斥、拉紧或收短牵引绳都会鼓励你的爱犬向前爆冲——因为靠近你并不是有趣的事。

❞

我的狗狗讨厌胸背带

我的狗狗喜欢散步，可是每当我把胸背带拿出来时，它就跑来跑去，躲躲藏藏，这是为什么呢？等我终于给它穿上胸背带，它却站在那里不动，一副伤心的表情，好像忘了如何走路似的。

有何作用？

畏缩、逃跑、咆哮，甚至变得顽皮，这一切都表明狗狗对你的肢体语言或是你给它穿上的东西感到害怕。

我的狗狗在想什么？

狗狗是受人喜爱和尊重的，它们可以在家里自由自在地跑动，然而当需要外出散步时，我们却突然抓住它们，把它们的头和脚塞进束缚性的背带或外套里！这完全是对狗狗私有空间的侵犯，因此，如果狗狗因为背上的怪异感觉而进入"关闭模式"，表现得畏畏缩缩或僵住不动，也就不足为奇了。教会你的爱犬享受所有的遛狗设备至关重要；对于消极的狗狗来说，这可能决定了之后的散步是平静的还是紧张的。

训练狗狗穿衣

让你的爱犬按照它自己的节奏来，在它想逃跑的时候就逃跑。这种训练可能需要3—4次。

- 将胸背带（或外套、嘴套等）放在地上，并在周围撒些零食，鼓励狗狗走过来。让它吃掉食物。然后捡起胸背带。当它主动接近你时再给它一些食物作为奖励。

- 拿着食物，将手穿过胸背带的开口，让狗狗吃到食物。这一过程重复10次。把你的手收回来，让狗狗把头伸进背带吃东西；取下背带并走开；这一步骤重复10次。

小贴士： 通过慢跑增加乐趣，这样你的狗狗会先追着你跑。

- 在狗狗吃东西时，将背带放在它背上，或用背带摩擦它的肩膀和脖子。

- 在狗狗周围撒些零食，这样你就可以在它吃东西时腾出手来固定背带。

> "
> 外套、背带、衣服、项圈和嘴套都需要经过训练才能让狗狗佩戴舒适、感到自信。
> "

为何要使用胸背带？

　　胸背带可以保护狗狗的颈部，因为狗狗的颈部实际上非常脆弱。颈部有用于对抗疾病的淋巴结、分泌唾液的腺体和最重要的甲状腺。甲状腺分泌的激素能帮助狗狗调节战斗、逃跑和放松反应。用绳索项圈反复压迫狗狗颈部，或者使劲拉扯项圈和牵引绳，可能会损伤狗狗重要的腺体，导致颈椎骨折、气管塌陷。

当机姿态是一种"生存"策略

转身离开意味着"我不想找麻烦"

柔和的眼神想安抚你

尾巴缩在下面，以遮住肛门腺

耳朵朝后，想要逃跑

嘴巴紧闭，下巴因紧张而紧绷

173

我的狗狗讨厌人类

我是在狗狗六个月大的时候领养它的。它准是受到过虐待，因为它很讨厌人。只要有客人走到它身边，即使只是想抚摸它，它也会咆哮、吠叫，或者跑开躲起来。

我的狗狗在想什么？

它可能是想表达"让我独自待着""我需要空间""我不喜欢他们的气味"，甚至是"他们穿得很奇怪"。不管是上述哪一种情况，从根本上说，狗狗是在告诉你，它感到不安全，需要你的帮助。狗狗会从它们的父母或饲主那里学会怕人，在幼犬的关键发育阶段（8—16周）缺乏与人类接触，或者在它们的自然"恐惧期"（通常是17—20周）内受过惊吓。出于恐惧的回避会很快演变为攻击。尽管如此，狗狗一直都在学习，因此无论狗狗的年龄有多大，你都可以帮助它们更积极地与人接触。

尽管我们想让人们知道，我们正在管理一只'不太友好'的狗狗，但是强行纠正狗狗的行为反而会让它自闭并且怕你。

我该怎么做？

当下：

- 冷静地将你的爱犬带离现场，斥责它只会让它更加紧张。
- 将客人的到来或出现与你的爱犬认为非常美味或有价值的东西联系起来，让它潜在的情绪从恐慌变为积极。

长期来看：

- 密切关注狗狗沮丧的早期预警信号。假如你看到这些迹象，就让狗狗跑开，避免升级为像咆哮之类的攻击行为（见第150—151页）。
- 不要带着狗狗去开门，尤其是在你拽着狗狗的项圈时。否则它会将粗暴的对待与客人的到来联系在一起，变得更加恐惧。如有必要，在邀请客人进门前，把狗狗安置在另一个房间（见第96—97页）。
- 请人们不要盯着你的狗狗看，也不要试图抚摸它。在公共场合，给狗狗戴上嘴套是阻止人们随意抚摸它的好方法。

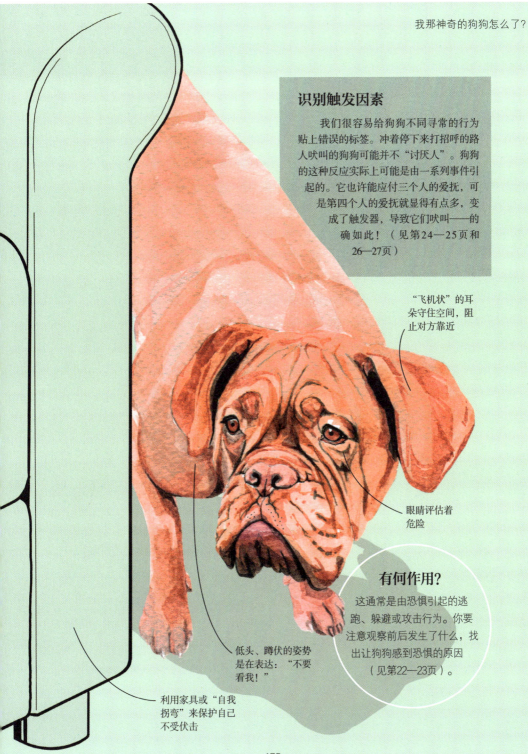

识别触发因素

我们很容易给狗狗不同寻常的行为贴上错误的标签。冲着停下来打招呼的路人吠叫的狗狗可能并不"讨厌人"。狗狗的这种反应实际上可能是由一系列事件引起的。它也许能应付三个人的爱抚，可是第四个人的爱抚就显得有点多，变成了触发器，导致它们吠叫——的确如此！（见第24—25页和26—27页）

"飞机状"的耳朵守住空间，阻止对方靠近

眼睛评估着危险

低头、蹲伏的姿势是在表达："不要看我！"

利用家具或"自我拐弯"来保护自己不受伏击

有何作用？

这通常是由恐惧引起的逃跑、躲避或攻击行为。你要注意观察前后发生了什么，找出让狗狗感到恐惧的原因（见第22—23页）。

175

生存指南
在车里

无论你是去宠物店，还是驱车在开阔的道路上探险，都必须保证你的爱犬的安全。要训练它们，让它们觉得待在车里十分舒适。

1
先要进行社交活动

让你的爱犬慢慢接触汽车的样子、味道、声音和移动；一开始每次持续几分钟即可，然后再慢慢延长时间。最初的行程要短，手边准备好大量的零食作为奖励。幼犬的内耳仍处于发育阶段，所以它们对晕车的体验会更深刻，新手糟糕的驾驶经历是很难被忘记的！

2
出于安全使用板条箱

在旅行时，必须保护好狗狗，最好将它放在板条箱里，以防遇到事故时你的注意力被分散，或者对它自己和他人造成伤害。用零食训练狗狗进出家里的、花园里的，最后是车里的板条箱，必要时使用坡道。

3
缓解晕车症状

让晕车的狗狗看看窗外的风景。打开一扇窗子，让新鲜的空气分散它们的注意力。薰衣草和洋甘菊的味道也能起到舒缓作用。为晕车的狗狗提供木炭饼干，假如狗狗在车里呕吐或便便，不要责备它们，因为这通常与压力有关。

4
选择一个完美的目的地！

要让狗狗把汽车和乐趣联系在一起；只有在带它去宠物医院或去狗舍时才开车是让它产生汽车恐惧症的最快方式。事先计划好长途旅行，在旅途中安排大量的休息时间，并且选择一个完美的目的地，如去海滩、在大自然中漫步或是去宠物店。

我的狗狗讨厌被丢下

每天离开狗狗都会让我心碎。它号叫着，不停地抓挠房门。我回到家时总会看到它脏兮兮的抗议——但我必须去工作。

发出痛苦的哀号，像是从远处传来的声音

身体紧张，感到不适

尾巴低垂，身体蜷缩

压力性排尿，这是肾上腺素激增和恐惧的表现

我的狗狗在想什么？

"我什么时候才能再见到你？"这是患有分离焦虑症的狗狗在门被关上时的"吟唱"。狗狗是社会性动物，它们依赖你生存。所以，当你把它独自留在家时，它自然会有一点恐慌。它可能会吠叫、号叫、随地大小便，抓挠或啃咬房门等障碍物以及附近的任何东西。这并非"糟糕"的行为，而是一种求救信号！改变狗狗的焦虑需要你的毅力。不过，你可以在合格的、富有同情心的狗狗行为学家的帮助下使它减轻分离焦虑。

我该怎么做？

循序渐进地培养狗狗的分离意识，尤其是针对幼犬和救助犬；可能需要两个月的训练，你才可以离开它们3—5小时。

建立分离习惯。首先，鼓励狗狗与你分开，让它在垫子上放松。然后，散步结束后把它放进自己的"卧室"；使用婴儿门或围栏，在狗狗旁边放一个塞满食物的玩具，让它待10分钟。目标是每天增加5分钟。

你必须在附近，可以待在另一个房间里，这样就能听到狗狗的动静，以便及时表扬它的良好表现，比如它表现得很安静、躺着休息，或者在玩玩具。它知道自己需要做什么才能让你再次出现，这将有助于缓解它的焦虑。

再养一只狗狗并不能让你的猎犬不再感到孤独。一旦狗狗与你建立了感情，就会舍不得与你分开。

当狗狗最终安顿下来，可以独自待着时，给它喂食，让它锻炼，并给它奖励，这些都会对它有所帮助。狗狗在它睡觉的房间里最放松。不要使用板条箱，除非它自己选择了板条箱。

冷静地离开吧。情绪化的告别和问候会让狗狗更加不安。

沮丧还是恐慌？

狗狗在培养分离习惯时感到沮丧很正常。产生分离焦虑的部分原因是"沮丧障碍"，部分原因是害怕被抛弃。沮丧的狗狗仍然可以学习，所以，如果它们只是在抱怨，你可以不回它们身边。不过，处于恐慌状态的狗狗会因为情绪失控而无法理解任何事情，这时就需要你回到它身边。在训练过程中，狗狗会通过不同的声音表达自己的感受；你要仔细倾听并做出回应（见第12—13页）。

我的狗狗讨厌洗澡或梳理毛发

我的狗狗会很高兴地跳进水坑或河里，可是却讨厌我给它洗澡。在美容院，它会发疯，还试图咬美容师。

我的狗狗在想什么？

　　"洗澡时间"会让最勇敢的宠物感到恐惧，而你的爱犬也有充分的理由讨厌美容院。在它看来，这是一个恐怖的房间；前一分钟，它还在家里的沙发上休息，下一分钟就被绑在了桌子上，周围是剪刀、钳子、烘干机、脱毛刷、笼子、水管和人类喜欢的"臭烘烘"的洗发水！梳理毛发对狗狗来说是一项社交活动，应该尽可能地温柔和放松。如果你重新训练它，让它喜欢上理发师的话，这一过程对你和狗狗来说都会是有趣的经历。

凶狠的眼神是在表达："我是认真的！"

耳朵向后，朝着撤退的方向

露出牙齿，是狗狗可能会撕咬的警告

侧身的姿势表明："你走我就走"

尾巴朝下或坐着以遮住肛门腺

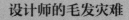

设计师的毛发灾难

可卡布犬是一种很受欢迎的杂交品种,但梳理它的毛发简直是个噩梦。它结合了可卡犬光滑的毛发和贵宾犬浓密的卷发,假如不定期梳理,毛发就会在短短几天内紧贴皮肤。可卡布犬的毛发需要每天梳理,而且要梳理到根部,以防毛发打结。

有何作用?

如果狗狗远离、猛扑或啃咬美容师,说明它先前接受过不当的操作训练,也有可能是因为毛发缠结在一起而感到不舒服(见第150—151页)。

我该怎么做?

当下:

如果你的宠物狗在美容师那里吓坏了,那就把它带回家,让它平静下来。强迫狗狗接受仓促的梳洗,或者因为它表现出攻击性而惩罚它,会破坏你们之间的关系,并导致狗狗下次更快地采取防御措施。在家里,如果你看到狗狗有任何不适或压力的早期迹象,请停止梳理工作(见第150—151页)。只有在狗狗愿意配合的情况下,你才可以重新开始。

长期来看:

• 耐心地对待狗狗,让它对每一次的洗澡和梳理毛发不再那么敏感,循序渐进,使用多个疗程,利用食物和游戏,以减少它潜在的恐惧。

• 一位狗狗行为学家可以帮助你将这个过程回归到基本状态。在使用美容设备之前,当处理"潜意识咬合触发区"(耳朵、脖子、屁股和脚)时,抚摸并给狗狗零食吃。

• 舔食垫或食物玩具可以让狗狗在梳理毛发的过程中做一些有趣的事情,也能让你腾出手来工作。

生存指南

兽医和美容师

狗狗很容易训练。所以，我们要训练它们去理解兽医和美容师期待它们做什么，减轻它们的压力，而不是急匆匆地把它们送进去，让它们快速地"做完美容"。

1
多跑几次

先带狗狗去看几次兽医和美容师，从他们那里获取食物并与他们建立联系。只有这样，等狗狗生病或需要理发时才会信任他们。

2
小心地抚摸

每天利用食物练习触摸，让狗狗知道，身体部位被触摸是一件很有趣的事情。观察狗狗的肢体语言，是否有紧张的迹象，并向它们表明，只要它们想休息，你就会停下来。

3
合适的宠物美容师

寻找一位不使用暴力或约束手段的美容师，他/她会花时间温柔地对待狗狗。那些催促狗狗的专业人士可能会让它们变得紧张或具有攻击性。

4
戴上嘴套！

你可以引导狗狗享受把头伸进嘴套的乐趣，将之作为在家进行的有趣训练（见第172—173页）。一些兽医在做可能让狗狗不舒服的检查时，会坚持给狗狗戴上嘴套，你能做的是帮助狗狗提前做好准备，从而大大减轻对狗狗造成的创伤。

5
用小把戏转移注意力

教狗狗玩一些小把戏，如"触摸"（它们的鼻子）、"下巴"（让它们把下巴放在你的手上或物体表面），或"趴下"，并引导它们在日常训练中展示自己的身体部位。当出现对它们来说陌生的听诊器或指甲刀时，让狗狗专注于其中一个小把戏是分散它们注意力的好方法。

索引

品种索引

资源

拓展阅读

Dogs Desmond Morris

How Dogs Learn MaryR.Burch, Jon S. Bailey

In Defence of Dogs John Bradshaw

Behaviour Adjustment Training 2.0 Grisha Stewart

Interactive Play Guide Craig Ogilvie

Inside of a Dog: What Dogs See, Smell and Know Alexandra Horowitz

Being a Dog: Following the Dog into a World of Smell Alexandra Horowitz

The Truth About Wolves and Dogs Toni Shelbourne

Canine Body Language Brenda Aloff

Lucy's Law: The Story of a Little Dog Who Changed the World Marc Abraham

在线资源

www.pawfectdogsense.com

www.amplifiedbehaviour.com

在线视频建议库

www.naturallyhappydogs.com

狗狗行为、正向强化训练和健康建议

www.fearfreepets.com

关于如何让宠物远离恐惧的建议

www.psychologytoday.com/gb/blog/canine-corne

获奖博客和文章

www.whole-dog-journal.com

狗狗护理、行为和训练

Kikopup

YouTube训练和行为频道

www.battersea.org.uk/pet-advice/dog-advice

行为、训练和健康建议

www.bluecross.org.uk

行为、训练和健康建议

寻找一位狗狗行为专家

作者注：找到一位称职的狗狗行为学家至关重要，他必须持有从业资质，拥有丰富的专业经验，使用非强制技术和积极的训练方法。目前英国尚未对该行业进行监管（尽管各种组织都声称自己是该国或国际上最好的注册机构）。虽然人们总要求兽医给予推荐，但许多兽医其实也不确定如何衡量行为学家的质量。一名"合格的"行为学家应该拥有动物学或犬类行为学学位，甚至是更高的资质，以及至少一年与100多只狗狗打交道的实践经验（或在持有此类资质的行为学家手下工作数年）。此外，他还要详细了解心理学的学习理论和原则。狗狗是通过条件反射进行学习的，合格的行为学家会提供正向强化、脱敏和反条件反射等解决方案，并倾向于无痛和无恐惧的训练技术。任何人如果试图通过一次训练就"解决"狗狗的问题（比如攻击性）或在研究狗狗的行为强化历史前就使用让狗狗痛苦的设备以"纠正"它的行为，抑或采用过时的"超级狗"理论，都说明他没有接受过足够的狗狗心理学教育，这会损害狗狗的学习能力。狗狗不会跟着"强势"的领导者学习；不要被自信或特立独行的方法吓倒，也不要为你不完全放心的培训付费。在把你的爱犬交出去训练之前，一定要问清楚培训师或行为学家是如何训练狗狗的；他们在训练狗狗时，狗狗表现得是否放松、快乐或自信？虽然狗狗可能看起来很"听话"，但严厉的管教方式会导致它变得自闭，产生恐惧，因此这样的方式在狗狗行为管理中是不可取的。

参考文献

第12页 通过气味交流
A. Horowitz, Inside of a Dog: What Dogs See, Smell,
and Know, Simon & Schuster UK, 2012, p.72.

第38页 我的狗狗会看时间
A. Horowitz, Being a Dog: Following the Dog
Into a World of Smell, Simon & Schuster UK,
2016, pp22－23.

第58页 我的狗狗喜欢吃草
K. L. C. Sueda, B. L. Hart, and K. D. Cliff,
"Characterization of plant eating in dogs",
Applied Animal Behavior Science 111, no. 2
（2008），pp120－132.
DOI: https://doi.org/10.1016/j.aplanim.2007.05.018

第72页 我的狗狗用一个眼神就融化了我
J. Kaminski, B. M. Waller, R. Diogo,
A. Hartstone-Rose, and A. M. Burrows, "Evolution
of facial muscle anatomy in dogs", Proceedings of
the National Academy of Sciences of the USA
（PNAS）116, no. 29（2019），pp14677－81.
DOI: www.pnas.org/content/116/29/14677

第136页 疾病的迹象
V. Bécuwe-Bonnet, M. C. Bélanger, D. Frank, J.
Parent, and P. Hélie, "Gastrointestinal disorders in
dogs with excessive licking of surfaces", Journal of
Veterinary Behavior 7, no. 4（2012），pp194－204.
DOI: https://doi.org/10.1016/j.jveb.2011.07.003

致谢

作者致谢

写这本书对我而言既是一种乐趣，也是一段旅程。我要感谢已故的Sophia Yin博士，是她激励我传播充满激情和同情心的动物教育。感谢Temple Grandin，是她向十几岁的我证明，以不同的视角看世界意味着用更大的能力改变世界。感谢"医学检测犬"，它们证明了狗狗可以嗅到癌症的气味，这改变了我的人生轨迹。感谢我了不起的父母一直支持我去做任何我想做的事情，他们爱我，陪伴我走过了人生的每一座高山和低谷。感谢动物保护机构Dogs Trust送我参加培训课程，让我挑战了思维，并帮助我将目光投向预防而非治疗。感谢那些曾经说我能力不行的人。感谢DK公司、Red Sky Pro-ductions和第四频道，谢谢你们赏识我、信任我。感谢我的编辑阿拉斯泰尔和安德里亚，以及艺术编辑艾林森，谢谢你们的耐心、专业和积极。感谢伯明翰市政府允许我在公园里训练狗狗长达10年之久。感谢每一位客户对我的信任、支持和鼓励。谢谢我的朋友克洛伊，你是我这个二十多岁却还没有头脑的独行侠所拥有的最坚定的啦啦队队长。谢谢小麦犬麦克斯——我的终极狗狗搭档和尤达大师。谢谢我的爱犬法科尔，是你教会我谦逊和人性。感谢"犬训犬意"公司（Pawfect Dogsense）的所有团队一直在为改善狗狗未来的福祉而努力。感谢上帝给予我如此明确的使命和工作，让我每天都能感受到深深的快乐。感谢所有的狗狗，你们是最有耐心、最善解人意、最宽容的老师，我和所有阅读本书的读者都希望了解你们。

出版商致谢

DK感谢玛丽·洛里默完成索引，感谢安妮·纽曼进行校对。

作者简介

汉娜·莫洛伊是一位动物行为学家，同时也是两家教育公司——"犬训犬意"（Pawfect Dogsense CIC）和"放大行为"（Amplified Behaviour）——的总经理。她的企业为动物饲主、救助机构、兽医和宠物店提供定制的行为管理计划和教育课程，使用正向强化训练技术和无恐惧操作方式。

汉娜研究狗狗，并从事与狗狗相关的工作已有15年之久，是一名秉承"亲和力大于服从"的培训师。她获得了动物行为学荣誉学士学位（论文发表在国际应用选育协会的官方期刊《应用动物行为科学》上），曾在动物救助机构和动物园工作，

还担任过英国领先的狗狗福利慈善机构Dogs Trust的培训和行为顾问。汉娜对研究狗狗的肢体语言、饲主的文化态度以及人与狗的关系有着浓厚的兴趣。

汉娜经常做客英国广播公司电台，还在第四频道的电视系列节目《小狗学校》（Puppy School）中担任行为学专家，帮助新主人学习如何饲养快乐的、善于交际的狗狗。

她热衷于通过向人们传授动物沟通知识来改善动物的福祉，并设计了许多教育课程，为大学、宠物店、救助中心和兽医诊所提供培训。目前进行的教育工作包括：为英国国家医疗服务体系（NHS）中的"预防犬只伤

人计划"提供咨询，以减少儿童被咬伤的情况；启动了"狗狗教育项目"，其长期目标是为低收入的狗狗饲主提供免费的狗狗训练课程和行为支持。

在业余时间，汉娜喜欢与爱犬法科尔一起进行嗅觉训练和狗狗跑酷。

插画师简介

马克·舍伊布迈尔是一位擅长宠物肖像画的插画师，现居加拿大多伦多。他花了大量时间刻画狗狗，还是一只救援犬的共同助养人，在观察和描绘犬类交际方面经验丰富。马克是生活方式网站DobbernationLOVES的长期撰稿人，并为DK出版公司和Chapters Indigo提供插图。他的其他插图作品还有米尔顿镇的活动项目和马卡姆博物馆的展览设计等。请参阅网站markscheibmayr.com了解更多作品。

图片来源